현대지질학의
창조과학비판

현대지질학의 창조과학비판

지은이 이민성 · 최성희
발행일 2024년 10월 25일 발행인 김정겸
펴낸곳 충남대학교출판문화원 주소 대전광역시 유성구 대학로 99
전화 042-821-6045 홈페이지 http://www.cnupress.co.kr E-mail cnupress@cnu.ac.kr

ISBN 979-11-6503-292-0 93450
정가 15,000원

현대지질학의 창조과학비판

이민성 · 최성희

충남대학교출판문화원

서문

창조론의 설을 바탕으로 「신학을 과학으로 판단해야 한다」라고 주장하는 일치주의를 모방하는 [1]「창조과학」에서는 신의 말은 한자 한 구절 마다 절대적으로 옳으며 「그것으로 모든 것이 설명되고 있다」고 주장하고 있습니다.

그리고 「진화론과 지질학」은 과학적 근거를 갖지 않는다고 주장하며, 지질학자들이 밝힌 지구의 역사는 진화론을 가정하여 해석한 순환논법이라는 결함 있는 논리에 근거하고 있다고 비판하고 있습니다. 예를 들면 지질계통상에 지질시대별로 출현하는 생물화석을 진화가 맞는다는 전제하에 거짓으로 나열해서 교과서에 실은 것이라고 강렬하게 비판합니다만, 이러한 비판은 화석이 지층내에서 어떤 순서로 발견되고 어떻게 구분이 되어 기재되었는지를 이해하고 있지 못하기 때문입니다.

고대층서학 연구에서 이루어진 고생대·중생대·신생대의 지질시대 구분(그림 4) 은 생물의 「진화」에 의한 것이 아니라 생물의 「변화(变化)」 또는 「차이(差異)」에 의해서 구분한 것입니다. 즉, 오래된 것으로부터 새로

1 이 책에서 다루는 「창조과학」은 창세기에 쓰인 「창조주인 신」에 의해서 모든 것이 창조되었다고 믿는「창조론」의 설을 바탕으로 하여 「진화론」은 과학적 근거를 갖지 않는다고 주장하며 「신학을 과학으로 판단해야한다」라고 주장하는 일치주의적 창조과학을 가리킵니다.

운 지질시대로의 구분은 생물 특히 동물의 변화에 의해서 이루어졌습니다. 예를 들면, 고생대에는 삼엽충이 중생대에는 파충류가 그리고 신생대에는 포유류로 단순한 형태의 생물로부터 더 복잡한 형태의 생물로 변화해서 나타나기 때문입니다. 따라서 지층으로부터 산출되는 화석이 지층의 시대별로 다르다는 것은 진화론을 가정하지 않더라도 설명이 되며, 이 시대는 다윈의 「종의기원에 대해서(On the Origin of Species)」가 발표된 1859년보다 이전인 진화론이 보급되기 전인 것입니다.

이 책에서는 창조과학의 반진화론적인 주장들이 얼마나 비과학적이고 미덥지 못한 내용들인 가에 대해서, 진화론과 지질학적인 과학적 사실과 증거들을 들어서 반론하고 해명합니다.

창조과학에서는 지구의 나이는 천지창조의 날짜가 기원전 4004년이므로 6000년으로 젊은 지구라는 주장에 대해서 지질학에서는 지질역사와 방사성연대에 근거해서 지구는 그보다 100만배나 오래된 46억년이라고 생각하고 있습니다.

또한 현재의 지구의 모습은 약 4300년(BC 2304년)전에 단 한 번 일어난 전지구를 휩쓴 노아의 대홍수에 의한 단일격변(單一激變)의 결과 매우 짧은 시간인 1년에 천변지이(天變地異)와 같은 격변적 사건이 일어나서 만들어진 것이라고 설명합니다. 그리고 노아의 홍수를 경계로 그 이전의 세계는 모든 생물도 사멸되고 땅도 완전이 파괴 소실되어 현재는 그 면모(面貌)를 찾아볼 수 없는 「잃어버린 세계」가 되었으며, 현재 우리가 보는 세계는 홍수 이후에 만들어진 「변한 새로운 지구」라고 설명합니다. 따라서 노아의 홍수를 경계로 홍수 이전의 세계를 「잃어버린 세계」 그리고 홍수 이후의 세계를 「현재의 세계」로 다루고 있습니다(그림 1).

창조과학에서는 지질학에서 다루고 있는 선캄브리아시대(약 6억 년 이전)의 암층군은 노아의 홍수 이전의 것이며, 고생대 이후의 암층군은 노아의 홍수 때 만들어진 것이라고 주장합니다. 그러나 창조과학에서는 이러한 주장을 뒷받침할 어떤 과학적 증거도 제시하지 못하고, 오직 「창세기」에 쓰인 내용만을 내세워 강변합니다.

미국의 그랜드캐니언이 노아의 홍수 기간인 1년에 격변적으로 형성됐다고 하는 주장에 대해서도 선캄브리아시대로부터 신생대에 걸친 장구한 지질시대에 형성됐다는 반증을 들어 설명합니다. 그리고 창세기에 바탕을 둔 6000년이라는 짧은 창조과학의 지구역사관과는 달리 지질학의 지구역사관에서는 유신론으로부터 지구과학혁명을 일으킨 플레이트 텍토닉스(Plate Tectonics)에 이르기까지의 장구한 변천과정을 기술하고 있습니다.

인간과 공룡이 역사시대에 공존했다는 억설에 대해서도 지질시대의 생물의 대멸종기록과 새로운 백악기 말과 신생대 초의 경계부에대한 조사연구와 여러 과학적 증거로부터 허황된 공상적인 이야기임을 밝힙니다. 그리고 생물의 진화를 부정하며, 인류는 신이 창조한 특별한 존재라는 주장에 대해서도 지금까지 밝혀온 생물과 인류의 진화과정으로 반론합니다.

우리나라 창조과학 옹호 단체인 교과서진화론개정추진 위원회가 고등학교 과학교과서에 실린 시조새와 말의 진화부분을 삭제하거나 수정해 달라고 정부에 요청하는 일이 있었으며, 2020년에는 과학교과서의 절대연령의 6대 문제점을 개정해 달라는 10차례의 개정청원을 내기도 했습니다. 이와 같이 창조과학의 옹호단체가 과학교육에까지 침투관여하고 있어서 우리나라 과학교육의 앞날이 암담하게 느껴집니다.

따라서 이러한 반진화론의 세력이 점점 확장되어 가고 있는 현실에서, 창조과학이 일반사회인에게 받아 드려져서 과학에 대한 잘못된 인식을 갖게 될 우려와 또한 학교의 교육현장으로 들어와 교육이 이루어질 경우 과학교육이 파탄에 직면할 위기감을 느끼게 되어, 지질학자의 한사람으로서 창조과학의 그릇된 과학관에 대해서 체계적으로 비판을 하고 계몽할 필요성을 통감하게 되어 이 책을 쓰게 되었습니다.

이 책은 12장으로 구성되어 있습니다. 서문에 이어 창조과학의 성립 과정과 진화론에 대해서 알아보고 지구상의 물의 기원과 19세기에 화석과 층서의 조사연구로부터 밝혀진 지질계통에 대한 창조과학자들의 반진화론에 대해서 진화론의 입장을 밝힙니다.

20세기에 미국에서 일어났던 진화론재판(Scopes Trial)의 경위를 알아봅니다. 그리고 유신론으로부터 [2]제일설(齊一說 Uniformitarianism)과 플레이트 텍토닉스(Plate Tectonics)의 성립에 이르기까지 지구관이 어떻게 변하여 왔는가를 설명하고 격변설과 제일설을 해설합니다. 이어서 지구의 연령에서는 루비듐(Rb)-스트론튬(Sr) 방사성동위원소를 이용한 연대측정법을 예를 들어 설명합니다.

그리고 창조과학에서 단 한 번의 노아의 홍수에 의해서 격변적으로 형성됐다고 주장하는 미국 그랜드캐니언의 생성 과정과 지질시대를 지질학적인 반증을 들어 규명합니다. 그 외 창조과학에서 젊은 지구의 증거가 된다는 주장들에 대해서 반론하고 창조과학자들이 부정하고 있는 대규모로 지층이 이동한 지질구조인 미국의 루이스(Lewis) 충

---

2 Uniformitarianism은 「동일과정설(同一過程說)」이라고도 하나 여기서는 「제일설(齊一說)」이라는 용어를 사용.

상단층에 대해서 지질학적으로 분석합니다.

또한 창조과학에서 인간과 공룡이 공존했다고 주장하는 허황된 내용을 살펴보고 그것이 터무니없는 억설임을 밝힙니다. 중간형 화석이 존재하지 않는다는 창조과학의 주장에 대해서 이행화석으로 알려진 시조조와 지금까지 알려진 기타 중간형 화석의 예를 들어 창조과학에 반증합니다. 그리고 인류의 기원에 관해서 다루었습니다.

우리나라에서는 그리스도교를 일반적으로 기독교(基督教)라고 부르고 있습니다만, 이것은 일본 말의 아데지(当て字)로부터 잘못 유래된 말이기 때문에 이 책에서는 그리스도교라는 말을 사용합니다(1의 1-3 참조).

이 책은 각장마다 독립적인 내용을 다루고 있으므로, 독자 여러분이 관심 있는 부분을 골라서 읽어도 됩니다.

이 책을 집필하는데 있어서 종교관이나 창조과학의 주장에 반대되는 서술부분 등은 특히 매우 조심스럽게 다루었습니다만, 혹 그렇지 않은 부분이 있더라도 양해해 주시기 바랍니다. 그리고 이 책에 서술된 내용 중에는 저자의 전문영역 밖의 것도 있어서 세밀히 검토하고 서술했으나, 잘못된 부분도 있을 수 있다고 여겨집니다. 따라서 이에 대해서도 미리 양해를 바라는 한편, 독자께서 잘못된 점을 찾아 지적해주시면 바로잡겠습니다.

미국자연사박물관 무척주동물부장이였으며 단속평형설을 제창한 세계적인 석학인 엘드리지(Niles Eldredge) 박사로부터 그의 저서 THE MONKEY BUSINESS(1982)에서 제9장의 Lewis thrust에 관한 내용과 제11장 중간형화석에서의 시조조에 대한 기재와 창조론의 주장에 대한 반론에 대한 기술 등을 인용 보완할 수 있도록 허락을 해주셨습니다. 이에 깊은 감사를 드립니다.

일본 나고야대학 스와 가네노리(諏訪兼位) 명예교수는 그의 저서, 아프리카대륙에서 지구를 안다(이민성·김종온 공역 시그마프레스 2006) 중의 지구의 연령 그리고 인류의 기원의 내용 일부를 인용 보완하도록 허락하여 주셨습니다. 또한 일본 도쿄대학 시마자키 히데히코(島崎英彦) 명예교수로부터는 관련 서적들을 송부 받았을 뿐 아니라 창조과학에서 주장하고 있는 지구화학(地球化學)에 관련된 여러가지 문제에 대해서 유익한 코멘트를 하여 주셨습니다. 그리고 현 메이지대학 교수이며 도쿄대학 명예교수인 마쓰모토 료(松本 良) 교수로부터는 퇴적작용과 터비다이트의 생성주기에 관한 귀중한 자료와 조언을 받았습니다. 이에 심심한 감사를 드립니다.

서울대학교 지구과학교육과 최승언 명예교수께서는 원고를 면밀히 검토하시고 원고내용을 보완해 주셨습니다. 또한 한국외국어대학교

노어 노문학과 장실 명예교수께서는 원고를 리뷰하시고 유익한 조언을 해 주셨습니다. 또한 혜화여자고등학교 이용준 교사께서는 원고의 잘못된 곳의 교정과 함께 자료를 수정해 주셨습니다. 이에 깊이 감사드립니다.

12장 인류의 기원에 관해서는 충남대학교 고고학과의 유용욱 교수께서 최근의 고고인류학의 동향을 알려주시는 한편 용어에 대한 해설을 해 주셔서 크게 도움을 주셨습니다. 이에 깊이 감사드립니다.

스콥스재판에 관한 재판의 경위와 심리과정 그리고 변호사측 대표인 변호사 클라렌스 다로우의 검찰측 대표인 윌리암 제닝스 브라이안에 대한 증인신문 과정 등은 [3]어빙 스톤(Irving Stone)의 저서 클라렌스 다로우에 대한 방어(Clarence Darrow for The Defense 1941)를 참고하여 인용했음을 밝힙니다. 그리고 화성론과 수성론의 논쟁 중의 「문호 괴테와 지질학」의 내용 일부는 일본지질조사소 간행물인 [4]지질뉴스(地質ニュース (山田正春・鈴木重人 1983-8)로부터 인용 보완하였습니다.

---

3 Stone, Irving 1942. Clarence Darrow For the Defense. XII Your Old Men's Monkey, p.477-524.

4 山田正春　鈴木重人, 1983-8 . 文豪ゲーテと地質 , 地質ニュース 349 . 業 報社.

목차

목차

제1장

창조과학 그리고 반진화론에 대한 반론

제1장

창조과학 그리고 반진화론에 대한 반론

1-1. 천지창조와 노아의 홍수

[1]구약성서의 창세기를 영어로는 제네시스(Genesis)라고 말합니다. 이것은 「70인역 성서(Septuagint, 히브리어구약성서를 고대 그리스어로 처음 번역한 성서)」를 채용하여 오늘날까지 사용되고 있는데, 그리스어의 제네시스는 시작 또는 기원을 의미합니다. 따라서 창세기는 처음시작의 서(書) 또는 기원의 서라는 뜻이 됩니다.

1 우리나라에서는 Holy Bible을 성경이라고 부르고 있으나, 경(經)은 불교에서 성전(聖傳)을 가리키는 말로 부처님의 가리킴이나 교의를 기술한 불경과 함께 유가경전의 오경(五經) 등의 경서(經書)등을 가리키는 말이 일반적이므로 이 책에서는 성경이라는 말 대신 성서(聖書)라는 용어를 사용합니다.

「창세기」의 제1장 천지창조 이야기는 다음과 같이 시작됩니다.

처음에 신이 천지를 창조했다. 혼돈과 암흑 가운데 「빛이 있으라」 하니 빛이 생겼다. 신은 빛을 보고 좋다 하였다. 신은 빛과 어두움을 나누어 빛을 낮이라 하고 어두움을 밤이라 하였다. 이렇게 해서 저녁이 있고 또한 아침이 있었다. 이상이 최초의 하루이다.

그리고 신은 창공을 만들고 창공 위의 물과 창공 아래의 물로 나누었다. 창공(성서에서는 궁창(穹蒼)이라고도 번역하고 있음)을 하늘이라 부르고 그것을 보고 좋다 하니 다시 저녁이 있고 아침이 있었다. 이상이 둘째 날에 이루어졌다.

그리고 신이 창공 아랫물은 한곳에 모이고, 마른 곳이 드러나라 하니 그렇게 되었다. 마른 곳은 땅이라 하고 물이 모인 곳은 바다라 하였다. 신은 이것을 보고 좋다 하였다. 신은 땅은 채소와 그 종류대로 씨를 맺는 풀과 열매 맺는 씨를 가진 과실수를 나게 해라 하니 그대로 되었다. 땅이 풀과 그 종류대로 씨를 맺는 채소와 그 종류대로 열매 맺는 씨를 갖는 나무를 나게 했다. 신은 이것을 보고 좋다 하였다. 또 저녁이 있고 아침이 있었다. 이상이 셋째 날에 이루어졌다.

그리고 창공의 하늘에 광명이 생겨나서 낮과 밤을 나누게 하고, 그 광명은 그 징표로 계절과 날짜를 그리고 연도를 위해서 도움이 되게 하라. 그리고 광명은 땅을 비추기 위해서 창공의 하늘에 있는 빛이 되라 하니 그대로 되었다. 신은 두 개의 큰 광명을 만들어 보다 큰 쪽의 광명은 낮을 주관하게 하고 작은 광명은 밤을 주관하게 하고 별들도 만들었다. 신은 그것들을 땅을 비추게 하기 위해서 창공의 하늘에 두었다. 낮과 밤을 주관하기 위해서 빛과 어두움으로 나누고 그것을 보고 좋다 하였다. 이렇게 해서 다시 저녁이 있고 아침이 있었다. 이상이 넷째 날에 이루어졌다.

그리고 또 신은 물은 생명이 있는 동물들이 무리 지어 살게 하고 새는 땅 위의 창공의 하늘에 날게 하라 하니 그대로 되었다. 신은 큰 바다의 괴물(怪物)과 물속에 사는 모든 종류의 헤엄치는 생물과 날개 있는 모든 종류의 새를 창조 하였다. 신은 그것을 보고 좋다 하였다. 그래서 신은 축복하며 말했다. 다산하고 번식하여 바다의 물에 충만하라 또한 새들은 땅 위에 번성하라 하였다. 이렇게 해서 다시 저녁이 있고 낮이 있었다. 이상이 다섯째 날에 이루어졌다.

그리고 신은 땅에는 여러 종류의 생물과 가축과 기어 다니는 것과 땅의 짐승을 그 종류대로 내라 하니 그대로 되었다. 신은 땅의 짐승과 가축 그리고 땅 위를 기어 다니는 모든 것을 그 종류대로 만들었다. 신은 그것을 보고 좋다 하였다. 신이 말하기를 우리의 형상대로 우리와 닮게 사람을 만들자. 그리하여 그들로 하여금 모든 종류의 바다의 물고기와 창공의 새와 땅의 짐승과 땅 위를 기어 다니는 모든 것을 다스리게 하자. 그리고 신은 자기의 형상대로 사람을 창조하고, 신의 모습과 같이 남자와 여자로 그들을 창조 하였다. 신은 그들을 축복하고 그들에게 이르기를 다산하고 번성하며 땅에 충만하고 땅을 따르고 바다의 물고기와 창공의 새와 땅위에서 움직이는 모든 생물을 다스려라 하였다. 그리고 신은 다시 이르기를 보라 나는 너희들에게 땅 위에 있는 씨 맺는 모든 풀과 열매를 맺는 모든 나무를 주노니, 그것을 너희들의 양식으로 하여라. 모든 창공의 새, 모든 땅 위에 기어 다니는 것들에게 먹이로 모든 푸른 풀을 주노라 하니 그대로 되었다. 신이 만든 모든 것을 보더니, 매우 좋다 하였다. 이렇게 해서 다시 저녁이 있고 아침이 있었다. 이상이 여섯째 날에 이루어졌다.

이상이 「창세기」의 제1장에 나오는 이야기입니다.

그리고 또한 창세기 제5-10장에 나오는, 약 4300년 전 단 한차례의 전 지구를 휩쓴 대격변(大激變, Catastrophe)을 일으켰다는 「노아의 홍수」의 간추린 이야기는 다음과 같습니다.

카인의 자손과 아담과 이브의 막내인 세트의 자손이 늘수록 타락해져서 세상에 죄악이 늘어갔다. 신은 인간을 창조한 것을 후회하여 땅 위에 큰 비를 내리게 하여 대홍수를 일으켜서 모든 창조물을 사멸시키기로 마음먹는다. 그러나 신의 경건한 신자인 세트의 자손 노아(Noah, 위로한다는 뜻)와 그 가족만은 예외였다.

신이 노아에게 머지않아서 대홍수가 일어날 터이니, 큰 배를 만들어 식량과 땅 위의 모든 동물들을 한 쌍 씩(정결한 동물「가축」은 일곱 쌍 씩)태우도록 하라는 말을 따라서, 노아는 수십 년의 세월을 걸려서 방주(길이 300cubit, 폭 50cubit, 높이 30cubit, 1cubit=45.6cm, 읽을거리 1 참조)를 건설하고, 처와 세 명의 아들과 아들들의 처 그리고 모든 한 쌍의 동물들을 방주에 태운 후 방주의 문을 닫았다.

그 7일 후, 신은 땅 위에 큰 비를 40일 낮과 40일 밤 계속 내려서 지상에 살고 있던 모든 것을 사멸시켰다. 홍수로 땅에 물이 150일 동안 크게 불어나니 방주가 물 위를 떠다니었다. 그리고 온 하늘 아래 모든 산들이 물에 잠겼다. 하늘에서 내리던 비도 그치게 되고 150일이 지난 후에 물이 줄어들고 그 후 방주는 아라라트(Ararat)산에 닿았다.

40일이 지난 후 노아는 까마귀를 날려 보냈더니 앉을 곳이 없어서 되 돌아왔다. 7일 후, 다시 비둘기를 날려 보냈더니 올리브 입사귀를 물고 배에 돌아왔다. 그리고 7일이 지난 후에 다시 비둘기를 날려 보냈더니 돌아오지 않았다. 그래서 물이 빠진 것을 알고 가족과 동물과 함께 방주를 나왔다.

노아는 제단을 마련해서 신에게 재물을 올렸다. 신은 이에 대해서 노아와 그의 자식들을 축복하고, 땅 위의 모든 생물을 사멸시키는 그러한 대홍수는 두 번 다시 일으키지 않겠다고 약속하고 신은 그 징표로 하늘에 무지개를 띄웠다.

이상이 노아의 방주와 대홍수의 이야기의 줄거리인데, 「창조과학」에서는 성서의 기록을 바탕으로 그림 1에서 보는 바와 같이 홍수의 전 기간은 약 365일로, 비가 내린 날이 40일, 땅이 물에 잠긴 날이 150일, 물이 빠지는데 걸린 날이 150일 그리고 땅이 마르는데 걸린 시일을 30일이라고 설명합니다.

읽을거리 1: 노아의 방주모형 건설

2016년 7월 7일 미국 켄터키주의 창조박물관을 운영하는 AIG(Answers in Genesis, 답은 창세기에)의 대표인 켄 함(Ken Ham)이 「아크(Ark)와의 만남」을 기획하고, 노아의 방주의 실물크기의 모형을 건설하여 공개한 테마파크를 오픈했습니다. 아크와의 만남의 오프닝날을 7월 7일로 한 것은 창세기 7장 7절의 「노아와 노아의 가족이 홍수를 피하기 위해 방주에 들어갔다」에 연유한다고 합니다.

그 크기는 길이 155m 폭 26m 높이 16m의 거대한 배모양의 건축물로 내부에는 노아와 그 가족 그리고 동물들의 생활하는 모습이 재현되어 있으며, 방주 안의 동물들 가운데에는 소형의 공룡으로 보이는 것도 있다고 합니다. 방주의 총공사비는 물경 1억 달러로 원화로 약 1300억 원 정도라고 합니다.

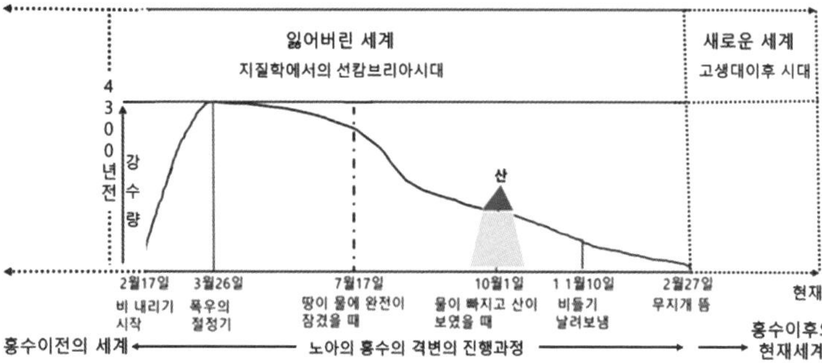

그림 1. 창조과학에서 설명하는 노아의 홍수 진행과정과 그 전후 세계(저자작성)

1-2. 창조과학의 성립

1920년대 미국에서, 그리스도교의 보수적인 프로테스탄트(Protestant)파는 학교교육에서 학생들에게 다윈의 진화론을 가르치는 데에 대한 격렬한 반대운동을 일으켰습니다. 이는 성서에 쓰여 있는 것이 역사적으로도 과학적으로도 절대로 옳다는 그리스도교의「근본적교리」를 내세워 진화론을 반대하는 운동으로 번졌으며, 특히 근본주의(根本主義, Christian Fundamentalism)가 그 바탕이 되었습니다.

원래 근본주의는 신앙의 근본적교리를 고수하자는 미국에서 일어난 그리스도교 신앙운동으로, 1895년 개최된 보수적인 프로테스탄트(Protestant)의 나이아가라 성서회의 (The Niagara Bible Conference)에서「근본주의 5개항목」을 규정한 내용인, 성서는 거짓이 없다, 그리스도의 신성(神性), 그리스도의 처녀 강탄(降誕), 그리스도의 대리 속죄 그리고 그리스도의 부활과 재림을 그대로 믿는 신앙을 말합니다.

창조과학에서도 성서를 내 세워서 「모든 것은 신이 창조했다」라고 굳게 믿고 있습니다. 「창세기」의 이야기를 뒷받침하기 위해서 창조과학이 내 세우는 논거나 증거들은 편향되거나 그 진위를 알 수 없는 왜곡된 것이어서 21세기의 오늘날 보아서는 시대착오적인 억설에 가까운 주장들이며, 창조과학에서 문제 삼고 있는 것들은 도저히 과학적이라고 할 수 없습니다.

캐나다의 제칠일안식교의 젊은 지구창조설(YEC, Young Earth Creationism)을 주장한 창조주의자인 조지 맥크리디 프라이스(George McCready Price, 1870-1963)는 「새 지질학(The New Geology. Pacific Press 1923)」 등의 저서에서, 지구상의 모든 생명체는 약 6,000년 전에 창조 되었으며, 그리스도의 탄생 2천 년 전의 세계적인 대홍수 때 대부분의 화석을 포함한 암석이 퇴적되었다는 반진화론적인 「홍수지질학(Flood Geology)」을 주장하고 널리 보급시켰는데, 그의 사후, 1960년부터 현대창조과학운동(Modern Creation Science Movement)이 일어나게 되었습니다.

캐나다의 프라이스의 영향을 받아 열렬한 창조주의자가 된 미국의 헨리 모리스(Henry M. Morris, 1918-2006) 박사에 의해서 1972년에 미국 댈러스(Dallas, Texas)에 창조과학연구소(Institute for Creation Research, ICR)가 설립되었으며, 그의 아들인 존 모리스(John D. Morris) 박사, 기슈(Duane Tolbert Gish, 1921-2013) 박사, 와이송(R. L. Wysong) 박사, 파커(Gary Parker) 교수, 버드(Wendel R. Bird) 변호사 그리고 오스틴(Steven A. Austin) 박사 등이 대표적인 열렬한 창조과학자로 활약하고 있습니다.

우리나라에는 1980년 8월 12일에서 15일 사이에 미국 창조과학회의 헨리 M 모리스들이 한국에 와서 창조과학을 전파하였고, 이에 물리학자인 양승훈 교수와 성서 조직신학자 안명준의 제안으로 김영길 교수 그리고 이웅상 교수와 함께 1981년 1월 31일에 한국창조과학회가 설립되었습니다. 이를 계기로 창조과학운동이 본격화되었고, 현재 여러 명의 미국 창조과학연구소(ICR) 회원이 있으며, 이 외에 한국창조과학회에 소속 되어있는 다수의 열렬한 창조과학자들이 있습니다. 그들 가운데, 주로 교회의 선교활동을 통한 창조과학 강의에서, 가장 적극적으로 진화론을 부정하고 지질학을 맹렬히 공격하고 있는 대표적인 창조과학자로는 전 한동대학교 총장 김영길 교수, 양승훈 교수, 김동석 교수, 김명현 교수 그리고 이재만 선교사를 비롯한 사람들입니다.

열렬한 창조과학자의 한사람인 김명현 교수가 여러 교회에서 한 창조과학 세미나 제1강을 시작으로 제35강에 이르는 정렬적인 대장정의 강의가 유튜브에서도 방영되고 있습니다. 그 강의에서 홍수와 노아의 방주, 그랜드캐니언과 노아의 홍수, 공룡과 인간, 지구의 나이 그리고 인류의 기원 등을 다루면서 진화론이나 지질학을 강력히 부정하고 성서에 기록 되어있는 천지창조를 비롯한 모든 주장의 증거가 창조과학에 의해서 증명되고 있다고 설명하고 있습니다.

특히 한동대학교에는 「창조과학연구소」가 설립되어 있는데, 연구내용을 보면, 창조과학의 과학적 연구, 진화론의 증거에 대한 비판적 연구, 창조세계의 과학적 해석 등을 연구한다고 되어 있으며 창조과학에 관한 교육자료의 개발 및 검증과 창조과학 강사의 훈련과 파송 등의 교과과정을 개발하고 교육하고 있는 실정이어서, 과연, 한동대학교는 우리나라 창조과학의 메카라고 할 만합니다.

2012년에는 교과서진화론개정추진위원회가 고등학교 과학교과서에 실린「시조새와 말의 진화 부분」을 삭제하거나 수정해 달라는 요청에 대해서 교육과학기술부가 이것을 받아들이면서 과학계에 문제가 제기되었습니다. 이에 대해서 생물학자들의 서명운동과 한국과학계가 교과서진화론개정추진위원회의 주장에 대한 반대성명을 발표하는 등 과학계의 반발로 진화론은 반드시 가르쳐야 하는 중요한 교육과정의 요소라고 귀정 지어져서 그 청원은 무산된 사건이 있었습니다.

당시 세계적인 과학 학술지 '네이처(Nature 486,14)'에도「Science wins over creationism in South Korea(과학이 대한민국의 창조론을 이기다)」라는 제목으로 관련 내용의 기사가 실리기도 했습니다. 이러한 가운데 2019년에는 교과서진화론개정추진위원회(회장 이광원)에서 "교과서의 '절대연대 기술 오류는 개정돼야 한다"는 내용의 제10차 청원서를 교육부 등 관련 기관들에 제출하기도 했습니다.

또한 연세대학교 2015년도 수업계획서에 보면, 창조론 수업이 공과대학에 개설되어 있는데, 교양 수업으로 이 대학 신입생이면 누구나 신청해서 들을 수 있게 되어있습니다. 과목의 명칭은 'Freshman seminar(창조과학)'로, 수업 목표는 '기독교인으로서 과학자는 성서의 내용과 학교에서 배우는 과학의 지식 사이에서 갈등을 느껴본 경험이 있다. 이 과목에서는 성서 속에 들어 있는 내용 중 과학적으로 검증될 수 있는 부분들을 찾아보고, 창조론과 진화론에 관한 과학적 접근을 통해 과학자로서 납득할 만한 성서에 대한 이해를 돕는 것을 목적으로 하고 있습니다'.

그러나 그리스도교 정신을 이념으로 내세운 학교로 신학대학이 존재하므로, 창조론 수업이 신학대학 내에 개설됐다면 큰 논란이 없겠으나 공과대학에 개설되어 있어 크게 논란이 일게 되었습니다. 그리고 한국창조과학회가 1993년에 설립한 창조과학전시관이 2003년에 카이스트 구내로 이전한 적도 있으며, 요즈음 대형 교회들에 의한 창조과학박물관의 건립이 추진되고 있기도 합니다.

창조과학자 가운데에는 성서가 원전(原典)에는 오류가 전무하다는 성서무오류설(聖書無誤謬說 Biblica Inerrancy)을 비판하는 창조과학자도 나타났는데, 한국창조과학회의 창설을 주도한 양승훈 교수는 지구가 6천년보다 훨씬 더 오래 되었을 수 있으며, 노아의 홍수 이전인 인류가 창조되기 전에도 전 지구적 격변이 여러 차례 있었다는 다중격변론(多重激論)을 주장한 바 있습니다.

이에 대해서 창조과학회에서는, 양 교수의 주장은 학회가 오랫동안 주장하여 왔던 젊은 지구론과 노아의 대홍수에 의한 단일격변론(單一激論)과는 전혀 다른 내용이어서, 학회에 매우 부정적인 영향을 끼치고 있을 뿐 아니라, 창조과학회의 명예를 크게 손상시켰다는 이유로 2008년에 제명 탈퇴하기에 이르렀습니다.

일본에는 우리나라와 달리 그리스도 교인이 전 일본인구의 1퍼센트에 불과하지만 인구비율에 비해서, 선교활동이나 창조론이나 창조과학 강의 등이 비교적 활발히 이루어지고 있습니다. 일본에도 일본창조학회(Creation Research Japan)가 설립되어 있으며, 제네시스 자판(Genesis Japan) 부회장인 지질학을 전공한 야마모도 데쓰야(山本哲也)를 비롯한 창조과학을 주장하는 학회나 사람들이 다수 있습니다. 야마모도 데쓰야(山本哲也)의「천지창조의 과학적 고찰」이라는 내용을 그리고 성서 해설가이며 창조론자인 구보 아리마사(久保有政)의「창조론」이라는 제목으로 된 영상을 통한 강의 등이 이루어지고 있습니다. 또한 안도 가즈고(安藤和子) 박사에 의해서도「진화론인가 창조론인가」라는 세미나가 대대적으로 개최되기도 했습니다.

미국의 극단적인 열렬한 창조론자이며 과학교사인 호빈드(Kent Hovind) 박사는 일본과 미국에서 창조과학 세미나「진화론은 거짓이다」 그리고「지구의 연령」 등의 동영상 강의를 통해서 진화론은 모두 거짓이다고 반박합니다. 그리고 미국고등학교 HBJ 지구과학 교과서나 생물교과서에 진화에 관해서 설명한「약 3000만 년 전에 원숭이나 유원인 등이 대형영장류로 진화했다고 생각되며, 따라서 그 원숭의 화석은 인류와 현존하는 원숭이의 조상인지도 모릅니다」라고 설명한 내용을 들면서 영장목(靈長目, 원숭이목)에 속하는 아프리카대륙에 분포하는 현생 갈라고의 좀 흉물스러운 사진(그림 2)을 보이면서「이것이 여러분의 선조라고 합니다」여러분은 믿으시겠습니까? 저는 안 믿습니다. 라는 식으로 비유하면서 진화론에 대해 모독에 가까운 비판을 합니다.

그림 2. Galago senegalensis

또한 레이놀즈(Barbara Reynolds)라는 여성 신문기자는, 요즘 젊은이들이 폭력적으로 짐승과 같이 되어가는 것은 인간의 조상이 하등동물로부터 진화해 왔다는 진화론을 가르치므로 동물적으로 되어 가기 때문이라는 억설기사를 싣기도 했습니다.

일본에는「창조과학」이라는 이름의 연구소가 대학이나 민간회사 등에 설립되어 있는데, 이는 인재육성 프로그램, 경영지도, 환경관계나 생활용품 등 다양한 분야의 연구개발을 목적으로 하는 곳으로 이 책에서 다루는 창조과학과는 무관한 연구소입니다.

창조론자나 성서엄수주의(聖書嚴守主義) 창조과학자들은 성서의 모든 기술은 유일한 절대자로서 창조주인 신의 영감에 의해서 쓰인 것으로 한 글자 한 구절마다 진실로 믿고 있으며,「모든 것이 이것으로 설명이 완전히 이루어졌다」고 강변합니다. 그리고 17세기에 영국국왕 제임스1세의 명을 받아서 여러 성직자와 학자로 구성된 번역위원이 1607년에서 1611년에 걸쳐서 완성한 일종의 개역영역성서(改譯英譯聖書)「흠정역성서(欽定譯聖書)」를 금과옥조(金科玉條)로 믿고 진화를 부정하며 지질학에 맹렬히 도전하고 있습니다.

1-3. 우리나라에서는 왜 그리스도교를 기독교(基督敎)라 부르게 됐는가

일본에서는 일상생활에서 사용하는 말 대부분이「아데지(当て字)」입니다. 고유명사의 차용어(借用語)를 중심으로 한자에 의한「아데지(当て字)」가 많이 존재하는데, 아데지는 글자의 본래의 용법을 무시하고 편의상 인명이나 지명 그리고 생활용어 등에 한자(漢字)를 달아서 한자의 원 뜻이나 발음과는 관계없이 읽는 개념을 말합니다. 우리나라에서는

「그리스도교」라는 종교를 아무 저항 없이 흔히 「기독교 (基督教)」라고 부르고 있는데, 이는 아데지에서 유래된 잘못된 말입니다.

우리나라에서 대한제국시대부터 개화파를 위시해서 일제식민지시대에 수많은 엘리트들이 일본에 유학을 가게 되었는데, 그 후 이들이 귀국해서 여러 가지 새로운 문물을 소개 전달했는데, 그때 잘못 전해지고 보급된 것 가운데의 하나가 일본말의 아데지 「当て字」의 한자였습니다.

아데지에는 중국어와 동형(同形)인 예가 많은데, 그것은 중국과의 오랜 역사 가운데 교역(交易)이나 외교상 필요에 의해서 음역(音譯)된 것이 일본에 전해진 것들입니다. 그리고 아데지에는 일본의 독자적인 어형(語形)의 예가 많은데, 일본사람들이 일상생활에서 사용하는 말의 대부분이 아데지라고 할 정도입니다.

일본의 아데지의 중국어와 동형의 대표적인 예로는 외국의 고유명사로부터 유래된 것이 많은데, 그 대표적인 것으로는 우리나라에서는 누구나가 흔히 쓰는 「기독교」라는 말입니다. 「기독교」는 아데지의 한자로 「基督教」라고 표기하는데 「キリストキョ 그리스도교」라고 읽고 일본의 한자발음인 「キドクキョ 기도구교」라고 발음하지는 않습니다.

이는 중국이에즈스회(Jesuits of China)에 의한 음역어 「基利斯督 기리사독」의 약어 「기독 基督」에서 유래되어 아데지로 「キリスト 기리스도」로 사용되었다고 합니다. 따라서 일본의 아데지의 한자를 우리나라에서의 한자 음(音)으로 읽어서는 안 되고 본래의 외래어 발음을 참고하여 그에 가깝게 읽고 표기해야 합니다. 실지로 「기독교」라는 종교는 없으므로, 「基督教」는 「그리스도교」로 읽어야 합니다. 이와 같은 연유로 우리나라에서는 그리스도교를 일본의 아데지지에 대한 이해부족으로 무분별하게 기독교로 부르게 된 것입니다. 또한 그리스(Greece)라는 나라이름의 경우 「希臘」으로 표기하되 「キロウ(기로)」라고는 읽지 않고 「ギリシャ(기리샤)」라고 발음하는데 우리나라에서는 아데지의 한자 발음 그대로 「희랍」으로 부르고 있습니다.

일본어에는 독자적인 어형(語形)이 더 많은데 예를 들면, 도이치(도이치랜드, Deutschland)의 아데지는 「独逸」로 표기하되 아데지의 한자 발음인 ドクイツ(도구이쓰) 라고 읽지 않고 ドイツ(도이치) 라고 발음하는데 우리나라에서는 역시 아데지의 한자발음으로 「독일」이라고 부릅니다.

이와 같이 외국명의 아데지를 우리나라 한자발음으로 표기하고 부르고 있어서 세계지도에도 없는 엉뚱한 나라 이름이 되고 말았습니다. 아데지의 한자로 표기된 나라 이름을 우리나라 한자 발음으로 읽고 있는 예를 더 들어보면, 스페인(Spain)의 아데지인 「西班牙」를 서반아로, 포르투갈(Portugal)의 아데지는 「葡萄牙」인데 포도아로, 프랑스(France)의 아데지는 「佛蘭西」인데 불란서로 잘못 부르고 있습니다. 또한 홀란드(Holland, Netherlands)의 아데지는 「和蘭」으로 이도 「화란」이라고 잘못 부르고 있습니다.

일본의 독자적인 어형의 아데지는 일상생활에서 사용하는 말의 대부분이어서, 그 예를 일일이 들 수 없지만 한가지 예를 들면, 주로 18세기에서 19세기 전반에 걸쳐 일어났던 정신운동의 하나인 「Romanticism」을 아데지로 「浪漫主義」라고 써서 「ロウマンシュギ(로만슈기, 로망주의)」라고 부르는데, 우리나라에서는, 아데지의 한자만을 받

아드려서 우습게도 전연 뜻이 맞지 않는 「낭만주의」라고 부르고 있는데, 이는 매우 잘못된 것으로 이도 「로망주의」라고 고쳐 불러야 할 것입니다. 따라서 우리가 자주 쓰는 낭만적(浪漫的)이라는 말은 로망적이라는 것의 잘못된 표현인 것입니다.

현재 우리들이 사용하고 있는 말, 가운데, 아데지에서 유래된 말의 예를 더 들어 보면, 맥주 麦酒(ビール, 비이루), 연초 煙草(タバコ, 다바코), 붕대 繃帯(ほうたい, 호타이), 천막 天幕(テント, 텐토), 토산품 土産品(みやげしな, 미야게시나), 낙오 落伍(らくご, 라쿠고), 낙제 落第(らくだい、라쿠다이), 구락부 倶楽部 (クラブ, 구라부) 등으로 우리들의 대부분의 일상생활용어가 아테지에서 유래되었음을 알 수 있습니다.

우리나라의 대학, 특히 어학을 전공한다는 외국어대학에서 조차도 과 이름을 아데지로부터 유래된 말을 그대로 사용하고 있는데, 얼마 전까지 만해도 스페인어과를 아데지의 한자인 서반아어과(西班牙語科)로 도이치어과를 독일어과(獨逸語科)로 러시아어과를 노서어과(露西亞語科) 등으로 잘못 사용하고 있었고 지금도 일부 사용하고 있는 실정입니다. 따라서 앞으로는 아데지로 표기된 고유명사 등을 우리 나라 식 한자발음으로 읽지 말고 본래의 외래어의 원음에 가깝게 표기하여 발음하도록 해야 할 것입니다.

그런데 예외가 있는데, 미합중국을 아테지로 「亞米利加 アメリカ, 아메리카」 라고 표기하고 「米国, ベイコク, 베이고쿠」 라고도 하며 Great Britain의 경우도 「英吉利」(イギリス, 이기리스, 어원은 포르투갈어의 inglez) 라고 표기하고 「英国 エイコク, 에이코쿠」라고도 부르고 있습니다. 일본에서는 외국명을 외자(한 글자) 한자로 표기하는 관례가 있는데 각

국에 대응하는 외자 한자가 정해져 있습니다. 이러한 연유로 우리나라에서도 외국명칭을 미국, 영국 등으로 부르고 있는 것입니다.

제2장

반진화론에 대한 반론

제2장

반진화론에 대한 반론

창조과학에서 진화론이나 지질학을 공격하기 위해 가지고 있는 가장 유일한 무기중의 하나가 「지질학자들이 밝힌 지구의 역사는 진화론을 가정하여 해석한 순환논법이라는 결함 있는 논리에 근거하고 있다」는 주장입니다.

헨리 모리스는 「창조의 과학적 옹호(The Scientific Case for Creation, 1977)와 과학과 성서(Science and the Bible, 1986)」 등에서, "성서가 과학적으로 정확하다는 이유로 성서가 신학적인 영감, 즉 신의 의사(意思)를 받아서 특별히 쓰인 책이라는 하나의 증거가 되므로 이는 매우 놀라운 일이다. 몇 천 년 동안 성서에 기술되어 있으면서도 근년에 와서 처음으로 올바르게 평가된 과학적 사실이 의외로 많이 드러나고 있다. 그리고 현대의 과학자에 의해서 발견되기 훨씬 이전에 고대의 성서를 기술한 사람들은 자연을 비범하게 이해하고 있었다"고 말하며, 다음과 같은 몇 가지 사례를 들고 있습니다.

지구상에서 육안으로 볼 수 있는 별의 수는 아마도 4000개정도 일 것이다. 그런데도 성서에는「해변의 모래」의 수가「하늘의 별」의 수에 필적한다고 쓰여 있는데, 망원경이 발견되기 전에는 이는 성서의 중대한 과학적 오류로 지적됐을 것이라고 비유합니다. 또한 과학자나 교사들이 지구는 평탄하다고 하던 시대에도 이사야서 40장 22절에는「주는 지구의 원(円)」위에 사신다고 쓰여 있으므로 이것은 지구는 둥글다는 뜻이라고 말하고 있습니다. 그러나 이러한 주장, 예를 들면 별의 수에 관한 얘기는 시(詩)적인 표현에 지나지 않는다고 생각되며, 성서의 기록이 과학적인 논거가 될 수 있는지는 매우 의심스럽습니다.

헨리 모리스는 과학과 성서 중의「역사지질학의 표준세계」와「지질주상도의 거짓」이라는 장에서, "장구한 지질시대가 정말로 실재한다는 주장은 진화론이라는 전제에 근거하고 있다는 사실을 대부분의 사람들은 모르고 있다"고 말하고 있습니다. 또한 화석을 포함하고 있는 지층의 연대결정이 그것과 같은 화석이 진화했다는 것을 전제로 한 연대에 근거하고 있다면 그러한 화석의 계열에서의 진화를 어떻게 증명할 수 있는가? 이는 진화론의 모델은 옳다는 제멋대로의 전제에 바탕을 둔 순전한 순환논법에 불과하다고 말하고 있습니다.

창조과학에서는「창조과학은 과학이고 진화론은 하나의 종교이다」라고 주장합니다. 그러나 일찍이 오버톤(William Ray Overton) 판사가 1982년 아칸소주의 수업균등법재판에서 창조과학은 과학이 아니고 특정의 종교의 교양을 돕기 위한 것이라고 규정하고「과학이론이란 불변의 것이 아니고, 그 이론에 일치하지 않는 사실이나 반증 등에 의해서 항상 개정 또는 파기할 수 있는 것이다. 그 이론에 의해서 교화되어 절대적으로 개정될 수 없는 것은 과학이론이 아니다」라고 판결(3-2 항 참조)을 내렸 듯이「창조과학이 과학일 수 없는 중요한 이유 중의 하나」는 증명이 안될 뿐 아니라 잘못된 것을 스스로 수정하는 자기수정을 하지 않는다는 점입니다.

그리고 창조과학에서는 지구시스템은 엔트로피가 증대해가는 무질서화 상태 즉 모든 형태 있는 시스템은 파괴되는 방향으로 가는 경향이 있으므로 진화론은 열역학제2법칙에 위배된다고 설명합니다. 최초에 신이 모든 생물종을 창조 했을 때는 엔트로피가 가장 작았으며, 그 후 신이 관여하지 않게 된 후에는 엔트로피가 일방적으로 증대해 나가기 때문에 열역학제2법칙에 부합된다고 주장합니다. 그러나 열역학제2법칙은 개방계에는 적용이 안되고 폐쇄계에만 적용된다는 가장 중요한 전제는 말하지 않고 있습니다. 예를 들면 생물인 경우 열역학적으로 보면 외부로부터 에너지나 물질을 받아들여서 스스로 질서 있는 신체를 만들고 질서 있는 운동을 하고 있는 생체가 안전한 정상상태(定常狀態)에 있다고 볼 수 있습니다. 따라서 지구시스템은 개방계라고 할 수 있습니다.

다음 장인 지구상의 물의 기원에서는, 천지창조 셋째날에 신이 물을 모이게 하고 이를 바다로 하였다고 되어 있습니다마는 진화론에서는 물이 어떻게 지구상에 존재하게 되었는가에 관해서 해설합니다. 지질시대와 화석 그리고 영국에서의 고생대층서학 연구에서는 지질시대의 구분이 생물의 진화를 전재로 한 것이 아니고「변화」에 의해서 구분되었으며, 화석과 층서학의 연구도 창조과학에서 주장하는 진화론이라는 믿음으로 이루어진 것이 아닌 점을 중점적으로 반박 해설합니다.

2-1. 지구상의 물의 기원

신이 창공 아랫물은 한곳에 모이고, 마른 곳이 드러나라 하니 그렇게 되었다, 마른 곳은 땅이라 하고 물이 모인 곳은 바다라 하였다. 신은 이것을 보고 좋다 하였다. 이상이 천지창조 셋째 날의 이야기입니다.

1957년 인류처음 외계로부터 지구를 바라본 소련의 우주비행사 가가린의 일성은 "지구는 푸르다!"였습니다. 태양계에 있어서 유일하게 지구만이 그 표면에 가득히 물을 저장하고 있습니다. 그렇다면 이 물은 어떻게 존재할 수 있으며 어디서 왔을까요?

2-1-1. 지구상에 물은 어떻게 존재할 수 있는가

첫 번째, 지구는 액체의 물이 존재할 수 있는 태양으로부터의 적절한 거리에 위치해 있습니다. 태양에 가까운 금성에서는 수증기가 금성의 중력 밖으로 날아 가버리기 때문에 대기의 주성분은 이산화탄소(CO_2)이어서 그 온실효과로 평균기온을 500°C로 만들고 있으며 이러한 상태에서는 물이 존재할 수 없습니다. 한편 화성과같이 태양으로부터 멀리 위치하고 있으면 눈이나 얼음은 존재할 수 있지만 액체의 물은 존재할 수 없습니다.

두 번째, 질량이 큰 태양이나 목성은 가볍고 분자량이 작은 수소나 헬륨 등을 그 표층부에 끌어 들여 날려보내지 않고 있습니다. 그러나 지구는 질량(5.9724(3)×10^{24}kg)이 그다지 크지 않으므로 대기권에 끌어 들여 보유하고 있을 수가 없어서 지구권 밖으로 날려보내고 분자량이 좀 더 큰 산소, 아르곤, 이산화탄소 그리고 수증기 등을 중력권에 끌어 들여 놓고 날려보내지 않고 있습니다. 만일 지구의 질량이 더 작았다면 수증기는 지구로부터 달아나서 지구는 메마르게 될 것입니다. 반면 질량이 더 컸더라면 지구대기는 수소나 헬륨으로 가득 차 있게 됩니다.

2-1-2. 지구상의 물은 어디서 왔는가

지구상에 낙하한 운석은 크게 미분화(未分化)된 운석과 분화된 운석으로 구분됩니다. 미분화운석에는 생성초기부터 열에 의한 변질작용을 받지 않은 모천체(母天)로부터 유래된 콘드룰(Chondrule, 그림 3)이라는 미립의 구체(球体) 조직을 가지고 있는 특징이 있으며, 반면 분화운석은 이미 많은 변화를 겪어 왔기 때문에 이 조직이 없습니다. 미분화운석으로는 탄소질콘드라이트가 대표적이고 분화운석에는 [1]에이콘드라이트(achondrite), 석질운석 그리고 철운석이 포함됩니다.

지금까지의 연구에 의하면 원시지구는 우주진(宇宙塵)이나 탄소질콘드라이트가 모이고 싸여서 만들어졌다고 생각되고 있으며, 탄소질콘드라이트 운석은 많게는 20% 내외의 물(H_2O)을 포함하고 있습니다.

1 에이콘드라이트(Achondrite)는 콘드라이트가 아닌 운석을 말함.

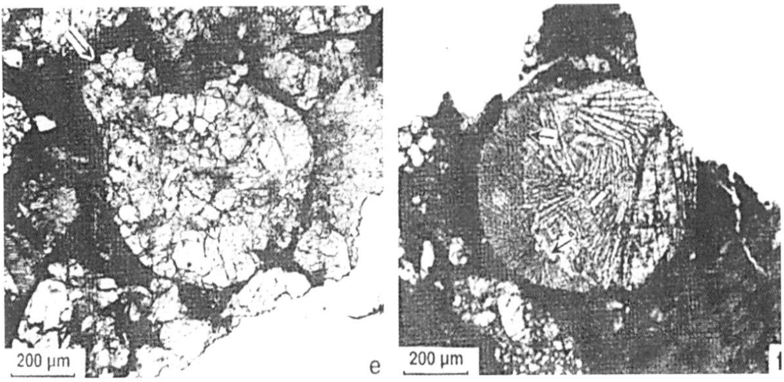

그림 3. 콘드룰(Condrule) 현미경 사진 (저자제공 UCLA에서 촬영 1991)

지구가 만들어진 초기에는 무수한 운석(소행성이나 그 파편 등)이 낙하 충돌하는 과정에서 발생한 열원에 의해서 지구는 용융상태가 되어 지구물질이 녹게 되고 이에 따라 무거운 원소인 철이나 니켈 등은 중심부에 가라 앉아 핵을 만들고 가벼운 규소 같은 원소들은 떠 올라서 규산염이나 산화물로 된 맨틀을 만들어 분리되었습니다. 그 후 맨틀 상부가 부분적으로 녹아서 만들어진 마그마(암석이 녹은 액체)가 화산활동에 의해서 지표에 분출하여 가벼운 금속원소를 포함하는 규산염광물로 된 지각을 만들게 됩니다.

현재 존재하는 대기는 화산활동에 의해서 분출된 마그마에 녹아 있던 기체로부터 유래되었다고 생각되며 이 기체를 원시대기라고 합니다. 그 후 지구는 점점 식어가고 지구표층이 물의 임계온도(374.2oC) 이하로 식어서 수권(水圈)이 형성되기 시작했습니다. 수증기는 자외선에 의해 분리되어 산소를 만들었으며, 또한 액화되어 강수현상이 일어나 지구표면의 낮은 장소에 물이 고이게 되었습니다. 이에 따라, 원시 대기중의 이산화탄소는 바다로 녹아 들어가서 석회암을 침전시키는 등 이산화탄소의 농도는 낮아지게 되었습니다. 이러한 대기중의 이산화탄소의 감소는 지구표면온도를 적절이 유지할 수 있게 되었고 생물이 발생하고 생존할 수 있는 환경이 이루어지게 되었습니다. 지구표면의 낮은 장소는 지각 중 밀도가 큰 부분에 생겼으며 이러한 장소에 대규모로 물이 고이게 된 것이 원시대양(原始大洋)이라고 생각되고 있습니다.

읽을거리 2: 운석의 모체인 소행성의 개발과 자원이용

미국의 SF작가 하인라인(Robert Anson Heinlein, 1907-1988)의 「달은 무자비한 밤의 여왕(The Moon Is a Harsh Mistress)」이라는 소설에서 달세계에서의 혁명과 지구와의 외교, 달세계와 지구의 무력충돌 그리고 지구로부터 식량을 달에 수송하는 수단으로 지구상에 매스드라이버를 건설하는 장면 등이 그려져 있습니다.

또한 일본의 다쓰노코 푸로(Tatsunoko Production Co., Ltd)의 「우주의 기사 텍가멘(Tekkaman, The Space Knight)」에서는 주인공들이 타는 우주선은 보통때는 지구상에 있으며 출근시에는 매스드라이버로 우주로 발진하여 달나라로 가는 내용 등을 다루는 애니메이션이 일본의 테레비 아사히(テレビ朝日)에서26회에 걸쳐서 방영되기도 했습니다.

이와 같은 SF소설이나 애니메이션에 나오는 매스드라이버와 관련된 이야기들은 우리에게 우주로의 꿈의 나래를 피게 합니다만, 이제는 꿈이나 공상 세계의 얘기가 아니라 현실로 다가오고 있습니다.

미국의 항공우주국(NASA)은 아폴로계획 이후 1977년에 제8회 달에 관한 과학회의를 개최하고 "새로운 달"이라는 제목의 특별연구집회를 열었습니다. 여기서 근 지구 소행성에 행성의 위성궤도 상이나 위성의 주회(周回)궤도 상에 대량의 물질을 수송하기 위해서 고안된 로켓의 일종인 매스드라이버(Mass driver)를 부착하여 그 궤도를 바꾼 다음, 지구와 달의 중력이 균형을 이루고 있는 라그랑쥬점(Lagrangian point)까지 가져와서 탐사와 자원을 이용하자는 문제가 검토되었습니다. 미국의 여러 대학에서도 “소행성의 자원개발 평가회” 등의 연구집회가 열리고 있습니다. 근 지구 소행성에는 철, 니켈, 코발트를 위시하여 탄소 등 이용가치가 높은 물질들이 많아서 미래의 자원으로 매우 중요하며, 또한 실리콘이 매우 풍부하므로 이를 반도체로 한 태양전지의 소자를 만들 수도 있습니다. 그렇게 되면 이를 사용하여 태양발전위성을 만들어 앞으로의 에너지 위기에도 대처할 수 있습니다. 한편 근 지구 소행성의 탐사를 통해서 행성이 처음 만들어졌을 때의 시원물질을 그 자리에서 직접 조사하여 태양물질의 진화에 관한 연구도 할 수 있습니다. 이와 같이 우주이용이라는 새로운 분야에 대한 관심이 높아지고 이와 관련된 연구가 이루어지고 있습니다.

실제로 인간을 달 표면에 착륙시키는 아르테미스 계획(Artemis program)이 추진되고 있는데, 이 프로그램은 미국연방정부가 출자하는 유인우주비행(달표면착륙)계획입니다. 당초 계획은 2024년까지 최초로 여성을, 이어서 남성을 달표면(특히 달의 남극부근)에 착륙시킬 것을 목적으로 하고 있습니다. 이 계획은 주로 미국항공우주국(NASA)과 계약하고 있는 미국의 민간우주비행사, 유럽우주기관(ESA), 일본우주항공연구개발기구(JAXA), 카나다우주청(CSA) 그리고 오스트랄리아우주청(ASA)등의 국제적 파트너에 의해서 실시됩니다. 계획자체는 NASA가 주도하고 있으나 달 표면에서 계속 거류하도록 하고 민간기업이 달표면에서의 경제를 이루도록 하기 위한 기반을 조성하고 최종적으로는 인류를 화성에 보낸다는 장기적 목적을 이룩하기 위한 계획인 것입니다.

2-2. 지질시대와 화석

지질학에서는 19세기 중반 경까지 지구역사의 주된 시기를 알게 되었습니다. 지질시대는 오래된 시대로부터 새로운 시대의 순서로 고생대, 중생대, 신생대로 구분되었습니다. 이 구분은 생물 특 히 동물의 「변화」에 의해서 이루어졌습니다.

즉 시대마다 나타나는 화석이 다르기 때문에 구분이 된 것입니다. 예를 들면, 고생대는 오래된 비교적 단순한 형태를 갖는 종류의 생물인 삼엽충이 살았던 시대, 중생대는 중간쯤 오래된 좀 더 복잡한 형태를 갖는 종류의 파충류가 살고 있었던 시대 그리고 신생대는 보다 새로운 더 복잡한 형태의 생물인 포유류가 살던 시대를 말합니다. 그리고 고생대 · 중생대 · 신생대에서 「생(生)」이라는 말은 생물이라는 뜻입니다.

대	기		절대연대 (단위:백만년)
신생대	제4기	홀로세	현세
		플라이스토세	2.5
	제3기	플라이오세	2.5
		마이오세	
		올리고세	
		에오세	
		팔레오세	65
중생대	백악기		65
	쥐라기		
	트라이아이스기		250
고생대	페름기		250
	석탄기		
	데본기		
	실루리아기		
	오르도비스기		
	캄브리아기		550
원생대 시생대	선캄브리아시대		550 이 전

그림 4. 지질시대구분(저자작성)

따라서 지질시대구분은 생물의 「변화」에 의해서 구분된 것이며 창조과학자들이 지적하고 있는 것처럼 「진화」에 의해서 구분된 것은 아닙니다. 지질시대의 구분은 그림 4와 같습니다.

이러한 지질시대구분은 각각의 지층 중에서 화석화 되어있는 동식물에 의해서 결정된 것이며 그 순서는 진화론의 개념과는 무관한 것입니다. 더욱이 지질시대구분이 이루어졌던 당시는 다윈의 「종의 기원에 대해서(On the Origin of Species)」가 발표된 1859년보다 이전으로 「진화론」이 보급되기 전이었기 때문에 창조과학에서 혹평하는 「진화론을 가정하여 그 믿음으로 만들어진 지질계통은 거짓이다」라고 평하는 것은 지질학의 발달과정을 잘못 이해하고 있는 까닭입니다.

영국의 지질학자이며 토목기사인 [2]윌리엄 스미스(William Smith, 1769-1839, 그림 5)는 산업혁명의 진행에 따라 활발하게 이루어진 운하건설공사를 위한 지질조사를 하고 있었습니다. 그는 100개가 넘는 언덕, 수많은 둑이나 제방 그리고 조사되지 않은 수십 개의 운하의 지질조사를 하였습니다.

그는 하나의 지층에서 다른 지층을 추적하면서 그 지층에 포함된 화석들의 차이점과 유사점 등을 검토하였습니다. 이와 같은 고되고 힘든 지질조사과정에서 그림 6에서 보는 바와 같이 어떤 지층에서는 어떤 종류의 화석이 나오는가를 알아냈습니다. 즉, 그는 같은 지층에서 나는 화석은 같은 종류이며, 다른 지층에서는 다른 종류의 화석이 산

그림 5. 윌리엄 스미스(William Smith).
Portrait of William Smith From Phillips: Memoir of William Smith, L.L.D Frank Dawson Adams, 1938
The Birth and Development of the Geological Sciences. p. 268의 사진을 전재.

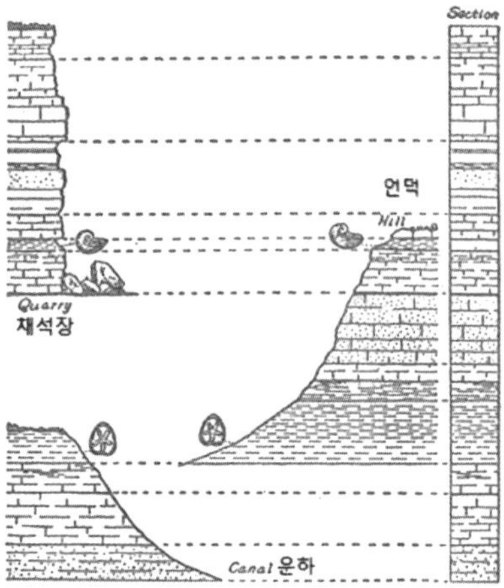

그림 6. 윌리엄 스미스가 언덕과 운하에서 화석을 사용하여 지층을 대비한 다이어그램. 오른쪽 주상도는 화석들의 조합에 의해서 작성한 것.
C. L, Fenton, and M.A. Fenton. Giants of Geology, 1952, p. 74의 그림을 보완 전재.

2 Fenton, C. L. and Fenton, M.A. Giants of Geology, 1952, Chapter VII.

출되며, 멀리 떨어져 있는 지층이라도 화석의 종류로부터 대비할 수 있다는 중요한 사실을 알게 되었습니다.

윌리엄 스미스는 어느 지역의 언덕에 올라서면, 다음에 어떤 화석이 발견되는가를 화석의 출현순서에 관한 자기의 경험을 바탕으로 예언을 할 수가 있었습니다. 한 무더기의 화석을 보여주어도 그는 그것이 발견된 지층의 아래와 위 지층에서는 어떠한 화석이 발견되었을 것이라고 지적할 수 있었습니다. 그리고 한 수집가가 여러 다른 지층에서 발견한 화석을 뒤섞어 보여주어도 그 화석들이 지층 중에 매몰되어 있던 순서를 정확하게 맞출 수가 있었습니다.

한곳에서 나타나는 화석을 바탕으로 아무리 멀리 떨어져 있는 지층이라도 같은 연대의 것으로 「대비」되는 경우, 창조과학이 주장하는 「진화」가 일어났다는 전제에 바탕을 두고 있는 것은 아닙니다. 유일한 전제라면 동일한 또는 거의 같은 화석은 지구상에서 거의 같은 시대에 생식했던 생물의 유해라는 것뿐입니다.

우리나라에서도 미국에서도 그리고 세계 여러 곳에서 [3]캄브리아기와 오르도비스기의 삼엽충 화석이 발견되고 있습니다. 그것을 캄브리아기의 화석이라고 부르는 것은 영국의 캄브리아[3]계의 지층에서 발견된 화석과 똑같은 화석이 섞여 있기 때문입니다. 뿐만 아니라 미국에서 발견되는 그러한 화석은 19세기에 영국의 캄브리아계의 지층에서 발견된 화석과 똑같은 화석이기 때문입니다. 뿐만 아니라 미국에서 발견되는 그러한 화석은 19세기에 잉글랜드의 웰스지방의 지층 중

3 기(紀)는 지질시대의 이름이고 계(系)는 지질계통의 이름.

에서 발견된 화석과 기본적으로 같은 것이 같은 순서로 나타납니다.

이와 같이 두 개의 지층을 거의 같은 시대의 것으로 비교하는 지층의 「대비」는 「진화」에 의한 것이라는 전제에 바탕을 두고 있는 것이 아니라 화석이 지층 중에 나타나는 순서에 대한 단순한 경험적 관찰과 거듭된 관찰로 과학적인 예언을 검증하는 표준적인 수법에 그 바탕을 두고 있는 것입니다.

그리고 현재 우리는 각각의 지층에서 출현하는 화석이 서로 같다면 그 각각의 지층은 같은 시대에 속한다는 사실을 최근 발달한 방사성 연대측정(5 지구의연령 5-2 참조)과 같은 독자적인 수단으로도 검증하고 있습니다. 창조과학자들은 이러한 지질학적인 사실을 이해하고 명심해야 할 것입니다. 여기서 창조과학자들이 주장하는 지질시대의 구분이 진화론을 가정해서 이루어졌는지에 관하여 19세기에 영국의 고생대의 층서가 확립된 과정을 해설합니다.

2-3. 영국에서의 고생대 층서학 연구

지질시대의 지금부터 약 5억4천만 년 전부터 2억5천 백 만 년 전까지의 고생대는 잉글랜드의 지질학자 '로드릭 머치슨(Roderick Impey Murchison,

4 Fenton, C. L, and Fenton M.A. Giants of Geology, 1952, Chapter IX. The Cambrian Conflict). p.94-96, 107, 112-113, 273.
Geikie, Archibald *(1875)*. Life of Sir Roderick I. Murchison. *I, II. Lond-via on: John Murray.* Retrieved 26 February 2019-via Internet Achieve.

1792-1871, 그림 7)과 [5]아담 세지윅(Adam Sedgwick, 1785-1873, 그림 8)에 의해서 조사연구 되어 초기부터 캄브리아기(Cambrian) · 오르도비스기(Ordovician) · 실루리아기(Silurian) · 데본기(Devonian) · 석탄기(Carboniferous) 및 페름기(Permian)라고 불리는 6기의 지질시대구분이 확립되었습니다.

1830년경의 잉글랜드에서는, 현재로 보면 고생대에 해당하는 협탄층(석탄을 함유하고 있는 지층) 보다 오랜 지층에 대해서는 잘 알려져 있지 않았습니다. 석탄층하부에서 대량 발견되는 [6]쇄설암층(碎屑岩層)에 대해서는 [7]구적색사암(赤色砂岩)이라는 지층명이 주어져 있었지만, 그 하부 층에 대해서는 막연히 점이암층(漸移岩層)이라고 불리고 있었습니다. 영국 지질조사소의 초대 소장이었던 데 라비치(Henry Thomas De la Beche, 1796-1855)는 이 오래된 암층을 [8]그래이와케(graywacke)와 함(含)화석층군으로 분류하였습니다.

이 무렵 머치슨은 잉글랜드 서부지방의 암층을 연구하였으며, 동물상(相)에 특징 지워지는 연속적인 누층(累層)을 기재하고 이것을 구적색사암의 하위로 설정하였습니다. 그리고 1835년에 이 네 개의 연속된 누층을 [9]실루리아(Silurian)계(系)라고 명명하였습니다.

그런데 당시, 머치슨은 이렇다 할 직업에는 종사하지 않고 여우사

---

5 Fenton, C. L. and Fenton M.A. Giants of Geology, 1952, Chapter IX. The Cambrian Conflict). p. 65-66, 104-110, 112, 201.
Karl Alfred von Zittel, 1901. History of geology and paleontology to the end of the nineteenth century. Scott, London. p.432.

6 지표의 암석이 풍화와 침식에 의해서 생긴 입자로 구성된 퇴적암.

7 실루리아기-석탄기의 산화철이 포함돼 있어서 붉은색을 띠는 사암.

8 분급이 불량한 각력을 함유하는 사암.

9 Silurian은 로마인에 대항해서 용감히 싸운 켈트(Celt)족의 한 부족인 시루레스(Silures)라는 이름에서 유래됨.

그림 7. 로드릭 머치슨(Sir Roderick Murchison). From a photo by Walker & Cockerell, London, E.C., of a Painting by S. Pearce, Karl A. von Zittel,1901, HISTORY OF GEOLOGY AND PALEONTOLOGY, p. 304 사진을 전제.

그림 8. 아담 세지윅(Adam Sedgwick) (After Clark and Hugh). Carroll L. Fenton and Mildred A. Fenton, 1952, Giants of Geology, p. 94 사진을 전재.

냥 만을 즐기고 있었는데, 부인의 "당신도 여우사냥만 하지 말고 과학에 관련된 공부를 하라"라는 성화에 못 이겨서 지질학을 전공하기로 마음먹고 옥스포드대학에서 버클런드(William Buckland DD, FRS, 1784-1856)의 강의를 들으면서부터 지질학에 전념하게 되어, 지질학분야에 훌륭한 업적을 남기게 된 것입니다(C. L, Fenton and M.A. Fenton. Giants of Geology, 1952, P 88).

한편, 머치슨의 친구이자 목사인 세지윅은 1818년에 캠브리지대학의 지질학교수로 부임하면서 종교적 지질학을 강의하였습니다. 그는 머치슨이 기재한 지층보다 오래된 지층이라고 생각되는 화석을 포함하지 않는 지층에 대해서 [10]캄브리아(Cambrian)계라고 부르기를 제안했습니다.

이 무렵 데본(Devonshire)주의 암층에는 그 암층에 고유한 동물상을 나타내고 있음이 밝혀졌는데, 머치슨과 세지윅의 연구에 의해서 그 누층은 스코틀랜드 남잉글랜드 및 아일랜드의 구적색사암과 같은 시대의 것임이 확인되어, 1839년에 이 누층을 실루리아와 석탄계의 사이의 계(系)로 설정하여 [11]데본계(Devonian)로 부르기로 서로 합의했습니다.

그리고 1841년에는 머치슨에 의해 신적색사암 (구적색사암 보다 젊은 암석)이 퇴적한 시기인 고생대 최후의 시기에 대해서 [12]페름(Permian)기(紀)라고 명명되었습니다. 따라서 이보다 훨씬 후인 1879년에 확정된 [13]오르도비스(Ordovician)기를 제외하고는 지구역사의 고생대의 각 기(紀)에 대한 이름이 주어지고 그 특징들이 기재되었습니다. 그리고 캄브리아기보다 오래된 지층에 대하여는 선캄브리아계(Precambrian)라고 부르게 되었습니다. 이렇게 해서 머치슨과 세지윅에 의해서 캄브리아기 · 오르도비스기 · 실루리아기 · 데본기 · [14]석탄기 및 페름기의 고생대의 6기로 구분된 지질시대가 확립되었습니다(그림 4 참조).

거듭 말합니다만, 이들의 연구가 이루어진 시기는, 찰스 다윈이 1859년 11월에 「종의 기원에 대해서(On the Origin of Species)」라는 책을 출판하기 전이었으므로 지질시대의 지층의 구분은 진화론의 개념이

10 Cambrian은 웰스(Wales)지방에 살랐던 라틴어로 Cambria라는 옛 부족의 이름에서 유래됨.

11 Devonian은 잉글랜드의 콘월(Cornwall)반도의 데본(Devon)주의 이름에서 유래됨.

12 Permian은 러시아의 우랄산맥의 카마강 연안 지방명인 페름(Perm)에서 유래됨.

13 Ordovician은 켈트(Celt)족의 한 부족의 이름인 오르도비스(Ordovice)에서 유래됨.

14 Carboniferous는 석탄을 산출하는 지층이 만들어진 시대에서 유래되었으며, 지질시대의 이름 중 제일 먼저 이름이 주어졌음.

보급되기 이전에 이루어진 것입니다. 따라서 창조과학에서 「지질계통상에 지질시대별로 출현하는 생물화석을 진화가 맞는다는 믿음으로 진화순서대로 거짓 나열한 것」이라고 주장하는 것은 지질시대의 계통이 확립된 시기와 그 과정에 대한 몰이해 때문인 것입니다.

생물이 진화한다는 개념은 19세기 초에 프랑스 국립자연사박물관에 있었던 생물학 및 박물학자인 라마르크(Jean-Baptiste Lamarck, 1744-1829)와 생트 힐레르 (Etienne Geoffroy Saint-Hillaire, 1772-1844)에 의해서 제시되었고 그 후, 후술하는 라이엘(Sir Chales Lyell, 1797-1875)은 1930년 지각의 변화는 일상적으로는 눈에 보이지 않는 극히 작은 변화가 축적되어 나타난다는 「제일설[15](Uniformitarianism)」을 제창해서 진화론적 지질학을 체계화했습니다. 그러나 오늘날 현대지질학에서는 제일설의 개념 일부는 받아드리지 않고 있습니다(4-7 항의 라이엘의 지질학과 제일설 참조).

다윈(Charles Robert Darwin, 1809-1882)은 지질학에서 말하는 지구는 미세한 변화가 오랫동안 쌓여서 큰 변화를 일으킨다는 「제일설」의 생각을 생물학에 받아들이고 이를 진화라는 메커니즘에 결부시켜서 1859년 11월에 「종의 기원에 대해서(On the Origin of Species)」라는 제목으로 출판하여 생물이 신에 의한 창조물이 아니고 생물이 진화한다는 이론을 확립하는데 큰 영향을 미쳤습니다.

15 Uniformitarianism은 「동일과정설(同一過程說)」이라고도 하나 여기서는 「제일설(齊一說)」이라는 용어를 사용.

제3장

미국에서 일어났던 진화론 재판의 경위

제3장

미국에서 일어났던 진화론재판의 경위

미국에서 그리스도교 근본주의(根本主義, Christian Fundamentalism)자나 원리주의자들이 진화론을 문제로 삼게 된 것은, 20세기 초에 미국의 공립학교 교육에서 시작되는데, 모든 생도에게 같은 커리큘럼을 가르치는 공립학교의 생물시간에 진화론을 다루도록 한 것이 그 발단이 되었습니다.

성서에 나오는 「창세기」의 천지창조에 쓰여 있는 모든 것을 역사적사실로 믿는 성서무오류설(聖書無誤謬說, Biblical inerrancy)을 주장하는 미국에서의 창조주의(Creationism) 사람들은 그리스도교 근본주의를 신봉하는 그리스도교 우파나 그리스도교 근본주의 그리고 복음주의 그리스도교회에 속하는 사람들이며, 특히 그리스도교 근본주의의 영향력이 가장 강한 미국의 남부 지역에는 성서의 말을 그대로 신으로부터의 말이라고 절대적으로 믿는 창조주의를 신봉하는 사람들이 많습니다.

이러한 진화론을 반대하는 입장에 선 사람들은 성서에 기록된 사실을 학교의 과학시간에 가르쳐야 하고 생물진화론을 가르치는 것은 금지시켜야 한다는 운동을 강렬하게 펼쳤습니다.

1920년대 전반에 프로테스탄트교회내의 보수파에서 일어난 근본주의운동은 「창세기」의 한 자 한 구절마다 그대로 믿는 것을 교양으로 하고 특히 진화론을 학교에서 가르치는 것을 금지시키는 한편, 반진화론법을 보다 많은 주(州)에서 성립시키려고 하였습니다. 그 결과 테네시주 외에 아칸소주와 미시시피주에서 이를 성립시키는데 성공했습니다.

그러나 이러한 반진화론법을 법정투쟁으로 폐지시키자는 운동이 일어났는데, 이를 주도한 것은 주로 미국자유인권연합회(ACLU, American Civil Liberties Union)였습니다. 이 연합회는 시민의 표현의 자유 등 여러 가지 시민의 자유권을 지키기 위해서 운동하는 단체로 알려져 있습니다.

진화론재판 (원명 스콥스재판, Scopes Trial, Monkey Trial)이란 미합중국에서 제정된 진화론을 학교의 교육하는 장소에서 가르치는 것을 제한하자는, 말하자면 반진화론법에 대한 일련의 재판을 말합니다. 특히 유명한 것으로는, 1925년의 스콥스재판으로 그 후에 일어난, 1982년의 아칸소주의 수업시간 균등법재판 그리고 1987년 루이지애나주의 수업시간균등법재판까지 이어지게 됩니다.

3-1. 스콥스재판(Scopes Trial, Monkey Trial)

1925년 3월 테네시 주의회에 의해서 「반진화론법」이 제정되자, 미국시민자유연맹이 반대운동에 나섰습니다. 법정투쟁을 벌리기 위하여 진화론을 가르치는 것으로 인해 체포 · 기소되어도 좋다는 교사들을 모집하기 위해서, 테네시주 내의 신문에 그 취지를 설명하고 응모한 교사에게는 대폭적인 지원을 하겠다는 취지의 광고를 실었습니다. 여기에 응모하여 재판에 기소된 스콥스(John T. Scopes, 1900-1970)가 테네시 주 내의 공립학교에서 진화론을 가르치는 것을 금지한 「반진화론법」인 테네시주법을 어겼다고 해서 유죄판결을 받은 재판이 스콥스재판입니다. 이 법은 주하원의원인 버틀러(J. W. Butler)가 제출하여 1925년에 제정되었습니다.

스콥스재판의 경위와 심리과정은 주로 [1]어빙 스톤(Irving Stone, 1942)의 저서에 상세히 기록된 내용의 대부분을 간추려 인용합니다. 스콥스는 24세의 나이로 테네시주의 작은 도시 데이턴(Dayton)에 있는 레어 센트럴(Rhea Central)고등학교의 이과 및 체육교사로 취임했는데, 켄터키 대학의 법학부를 졸업했으나 생물학과 과학을 전공하지는 않았습니다. 그는 본래 이 학교의 미식축구 코치로 초빙되었는데, 마침 생물담당인 교장이 와병중이어서 1924년도 말에 대용교사로서 2주간 정도 생물 수업을 대신했고 진화론에 대해서는 약간의 언급을 한 것뿐이었습

1 Irving Stone, 1942. Clarence Darrow For the Defense. XII Your Old Men's Monkey, p.477-524.

니다.

이 재판에서 검찰측의 대표로는 정치가이고 장로교파 신자인 브라이안(William Jennings Bryan, 1860-1925)이, 변호사 측의 대표로는 미국시민자유연맹의 선도적 회원으로 당대의 유명한 인권변호사인 다로우(Clarence Darrow, 1857-1938)가 나섰으며, 판사는 그 지방의 법률가인 라울스톤(John Tate Raulston, 1868-1956)이 맡았습니다. 재판은 1925년 7월 10일 금요일에 데이턴의 중심가에 있는 레아군재판소에서 열렸습니다.

당시 정원인 700명을 초과하여 1000명이 넘는 방청인이 몰려와 서서 방청할 정도로 전 미국에서 주목을 끌어 큰 화제를 일으킨 재판이었습니다. 많은 신문기자나 저널리스트들도 무리를 이루고 있었으며, 미국에서는 처음으로 재판의 진행 과정을 전국에 동시 중계하기 위한 많은 마이크가 설치되었습니다. 그리고 프랑스, 도이치, 영국의 특파원들도 유럽 여러 나라의 신문에 그날 그날의 재판의 진행 상황을 타전하기 위해서 자리 잡고 있었습니다.

화요일의 심리에서는 더 많은 방청인이 몰려와서 발을 구르며 소란을 피우기 때문에 재판장은 법정의 마루가 훼손될 것을 우려하여 재판소 앞 잔디밭에서 개정할 것을 공표했습니다. 높은 단상이 잔디 위에 설치되고 조잡한 벤치들이 잔디밭에 놓여 졌습니다. 이래서 한여름의 뙤약볕 아래 약 5000명의 방청객이 몰려들어 자리를 매웠고 마치 야외극을 보는 듯한 기묘한 법정극이 일반 청중 앞에서 벌어지게 되었습니다.

브라이안은 1896년, 1900년 그리고 1908년 민주당의 미국대통령 후보에 세 번이나 지명됐으나 공화당 후보에게 패배한 경력을 가진 장로교회파의 경건한 신자인 동시에 미국역사 중 가장 인기 있었던 웅변가의 한사람이었습니다. 그리고 대통령후보의 전국유세를 처음으로 시작한 사람이기도 하며, 1913년에 윌슨 대통령에 의해서 국무장관으로 임명되었던 인물입니다.

한편 변호사 다로우는 노동사건이나 사회문제에 관련된 사건을 주로 변호했습니다. 그리고 그는 「세기의 범죄(읽을거리 3 참조)」라고 미국을 떠들썩하게 했던 엽기적인 유괴사건의 1924년 7월 21일에 열린 레오폴드와 로브의 재판(The Trial of Leopold and Loeb)에서 피의자의 변호를 맡았었습니다.

읽을거리 3: 레오폴드와 로브의 범죄사건과 재판

이 범죄사건은, 부유한 유태인 가정에서 자란 18세에 시카고대학을 졸업하고 로스쿨 학생이던, IQ 210에 9개 외국어를 자유로이 구사하는 천재적인 레오폴드 2세(Nathan Freudenthal Leopold, Jr.)와 IQ 160으로 수재인 로브(Richard Albert Loeb)가 단지 완전범죄를 이룰 수 있다는 헛된 생각에 1924년 5월 21일에 부유한 실업가의 아들 프랑크스(Bobby Franks)를 유괴해서 신원을 알 수 없도록 시신을 염산으로 태워서 살해한 후 호수 근처 습지대의 배수관 속에 시신을 버린 사건이었습니다. 그러나 사건 현장에서 레오폴드의 안경이 발견되어 범죄사실이 발각되었고, 이 재판에서 다로우는 사형에서 종신형에 더하기 99년형의 언도를 받게 한 변호사로 알려진 인물입니다. 이 사건은 후에 1959년 플라이셔(Richard Fleischer) 감독에 오손 웰스(George Orson Welles)가 변호사 다로우역을 맡은 영화 「강박/로프 살인사건(Compulsion)」으로 제작상영 되기도 했습니다.

레오폴드와 로브는 형무소에 수감된 이후, 1932년에 형무소 내에 학교를 열고 수감자들을 가르쳤습니다. 1936년 1월 28일에 30세가 된 로브는 샤워실에서 동료 수감자에 의해 면도칼로 50번 이상 난자당하여 사망했습니다. 한편 레오폴드는 감옥에서 자서전 「인생 플러스 99년(Life Plus 99 Years)」을 썼습니다. 그는 감옥에서 33년을 보낸 후, 53세 되던 해인 1958년 3월에 가석방되어 1961년 푸에르토리코에서 결혼한 후, 1971년 8월 30일 66세의 나이로 심장 마비로 사망했습니다.

당시 전미국에서 큰 주목을 끌었던 스콥스재판은 1925년 7월 10일 금요일부터 21일 화요일까지 12일간 진행되었습니다. 인간이 원숭이로부터 진화했다는 진화론을 비유해서 통칭 원숭이재판(Monkey Trial)이라고도 부릅니다.

데이턴은 보수적인 곳으로 재판장도 배심원도 모두 근본주의에 호의적이고 보수적인 사람들로 구성되어 있어서 피고에게는 매우 불리한 재판이었습니다. 그리고 변론을 도울 전문가의 초청도 받아들여지지 않아서 매우 불리한 재판이 될 것으로 보였습니다만, 변호사 다로우는 이 공판에서 민완을 발휘하게 됩니다.

17일 금요일의 아침에 다시 열린 법정에서 라울스톤 판사는 변호인 측이 신청한 전문가의 증언을 각하한다는 판단을 내렸습니다. 그래서 다로우는 월요일까지 휴정할 것을 신청하고 주말의 3일 동안에 전문가들에게 증거자료를 정리하여 그것을 보도진에 전달하고 재판기록에 남기려고 하였습니다.

21일 화요일의 야외극장의 심리에서 변호사 다로우는 자기들이 마련한 전문가의 자문을 받을 수 없으므로 대신 당면의 적인 검사인 브라이안 본인을 성서의 전문가로서 증언시키기 위해서, 상소용의 기록을 남기기 위한다는 이유를 들어 그를 증언대에 세우는데 성공하게 됩니다. 이 브라이안에 대한 증인신문은 후세의 역사까지도 바꾸게 될 만큼 기사회생의 일격이 되었습니다. 변호사 측의 다로우는 검사 측의 브라이안에 대한 증인신문에서 성서에 기록된 내용의 모순성을 신랄하게 지적합니다. 다로우는 이 심문을 통해서 브라이안의 성서나 역사 그리고 과학에 대한 지식의 모순이나 무지를 예리하게 찔렀습니다.

브라이안은 증인대에 앉아서 부채를 붙이면서 질문자인 다로우와 마주했습니다.

다로우는「브라이안 선생, 당신은 성서에 관해서 많은 연구를 하고 계시지요?」하고 조용한 어조로 묻기 시작했습니다.

「예, 그렇습니다, 50년 가까이 성서를 연구하고 있습니다」

「당신은 성서에 기술된 모든 것이 그 정의대로 해석되어야 한다고 생각하십니까?」

「성서에 쓰인 모든 말은, 거기에 쓰여 있는 그대로 받아 드려야 한다고 믿고 있습니다. 성서의 일부에는 설명적인 부분도 있습니다. 예를 들면, "너희들은 땅의 소금이다"라는 한 구절이 있습니다마는, 인간이 실제로 소금이라든가, 소금으로 된 육체를 가지고 있다는 의미라고까지 말할 생각은 없습니다. 여기서는 소금은 신에 종사하는 심려 깊은 사람들이란 뜻으로 쓰이고 있습니다」

「요수아가 태양을 멈추게 했다는 이야기를 믿습니까?」

「저는 성서의 말을 믿습니다」라고 브라이안은 완강히 대답했습니다.

「그렇다면 지구는 정지하고 있다는 것입니까?」

「그런 것은 모릅니다. 지금은 성서의 말을 문제 삼고 있는 것입니다. 저는 성서를 전면적으로 받아들이고 있습니다」

「그때는 태양이 지구의 주위를 돌고 있었다고 믿고 있는 것입니까?」

「아니요, 지구가 태양의 주위를 돌고 있다고 생각합니다」

「성서를 쓴 사람들이 낮의 길이를 길게 할 수 있고, 태양을 멈추게 할 수 있다고 믿고 있습니까?」

「그들은 전지전능한 신의 계시를 받아서 성서를 쓰고, 다로우 선생이 태어날 때까지는 이해되지 못했던 말 대신에, 그 당시는 이해가 되었던 말을 사용했던 것은 아닐까요」

법정은 웃음과 박수소리가 넘쳤습니다. 브라이안은 만면에 웃음을 띠고, 다로우는 무표정하게 한편에 서서 있었습니다.

「그런데 브라이안 선생, 만일 지구가 갑자기 정지하면 어떤 일이 벌어질지 생각해 본적이 있습니까? 」

「아니요, 없습니다」

「지구가 용융체 덩어리로 변했을지도 모른다는 것은?」

「그것은 당신이 증언대에 섰을 때 증언하면 어떻습니까? 말 할 수 있도록 해 드리겠습니다」

「당신은 창세기의 대홍수의 이야기를 말 그대로 믿고 있습니까?」하고 다로우가 물었습니다.

「예, 그렇습니다」라고 브라이안이 답했습니다.

「그 대홍수는 언제쯤의 일입니까?」

「날자까지 확실하게 한 적은 없습니다만」

「성서는 언제쯤으로 기술되어 있습니까? 어째서 일어난 것입니까?」

「계산을 해 본적은 없습니다」

「당신 생각으로는?」

「생각도 해 보지 않은 것에 대해서, 생각해 본적은 없습니다」

「생각해 보려고 한 것에 대해서는 생각해보는 경우도 있습니까?」

「때로는 요」

법정은 또 웃음에 휩싸였습니다만, 이때의 웃음은 브라이안에게 불리한 웃음이었습니다. 마음에 거슬리는 웃음이어서 브라이안은 청중을 노려보았습니다. 다로우의 반대신문에 검사 측의 스튜와트(Stewart) 사법장관이 이의를 제기하자, 증인인 브라이안 자신이 대신 답했습니다.

「이곳에 오신 신사 여러분은 이 사건의 공판이 목적은 아닙니다. 성스러운 종교를 심판하러 온 것입니다. 저는 여기에 앉아서 변호를 계속하려고 합니다. 그러니 그들이 원하는 대로 하도록 하면 됩니다」

「그런데 그 대홍수는 언제 적의 일이었습니까 브라이안 선생?」

「기원전 2348년의 일입니다」

「그 방주에 타지 못했던 모든 생물이 그때 사멸했다고 믿고 계십니까」

「아마 물고기 종류는 살아남을 수 있었겠지요」

「5천년 이전에 오랜 여러 문명이 있었다는 것을 모르고 계십니까? 」

「지금까지 본 어떤 증거에도 만족하지 않습니다.」

「그렇다면 그 대홍수로 물고기 종류는 제외한다고 해도, 모든 생물 그리고 지상의 모든 문명이 소멸했다고 믿고 계시는 것입니까?」

「그랬던 것입니다, 그때는」

「당신은 현재 지구상에 실제로 존재하는 여러 인종이나 인간이나 문명이나 동물의 역사에 흥미를 가져본 적이 없습니까?」

「인간에 의해서 이루어진 추측이나 조사에 의해서 성서를 모독하려는 시도에 큰 관심을 기울인 적은 한 번도 없습니다」

「그렇다면 인류가 이 지상에서 몇 년간이나 계속해서 살아왔는지를 알아보려고 한 적도 없었네요」

「그럴 필요는 없으니까요」

「중국의 고대문명은 적게 보아도 6000년에서 7000년의 역사를 가지고 있다는 사실도 모르고 계시네요」

「모릅니다. 그러나 천지창조 때보다 더 오래 거슬러 올라 갈수는 없겠지요. 성서에 의하면 그것은 6000년 전의 일이니까요」

「그러나 당신 자신은 그 문명이 어느 정도 오래된 것인지를 모르신다는 것이네요?」

「나는 모릅니다」라고 브라이안은 대답했습니다. 「그러나 아마도 당신은 알고 있으시겠지요. 성서에 반대하는 사람들에게 알려주면 좋아할 겁니다」

「충고 고맙습니다. 그런데 이집트 문명이 얼마나 오래된 것인지는 아십니까?」

「모르겠는데요」

「브라이안 선생, 당신은 다른 어떤 종교도 대홍수에 의한 지상의 파멸과 비슷한 기술을 남기고 있는 것을 알지 못한 것 같군요」

「그리스도교만으로 저는 만족하고 있습니다. 그 외 다른 대립된 종교에 눈을 돌릴 필요성을 조금도 느끼고 있지 않으니까요」

「유교가 얼마나 오래된 것인지 알고 계십니까?」

「정확한 날짜는 아쉽게도 가르쳐 드릴수가 없을 듯하네요」

「공자나 석가는? 그들의 가르침도 대립종교라고 생각하십니까?」

「아니, 하찮은 종교라고 생각합니다. 이들 종교에 대해서 알고 있는 것을 저에게 얘기해 주시겠습니까?」

「아니, 그럴 생각은 없습니다. 그런데 당신은 3천5백 년 전의 이집트나 5천 년 전의 중국에 얼마나 많은 사람이 살고 있었는지 알고 계십니까?」

「모르겠는데요」

「알려고 한 적은?」

「없습니다. 그런 것에 흥미를 가지고 있는 사람을 만난 것은 당신이 처음이니까요」

「브라이안 선생, 인간사회의 역사나 원시시대의 인간에 관해서 흥미를 가지고 있는 사람을 만난 것은 제가 처음인 것입니까?」

「그렇게 아득한 옛날 사회의 인간의 수에 대해서 말하는 사람을 만난 것은 당신이 처음입니다.」

「그렇다면 당신은 지구상에 사는 사람들에 관해서, 그들의 문명이나, 지구상에 살게 된 후에 얼마나 긴 세월이 흘렀는가 하는 사실을 알아보려고 한 적이 한 번도 없었습니까?」

「물론 없었습니다. 저는 그리스도교의 가르침에 만족하고 있으므로 이러쿵저러쿵 논쟁을 불러일으키는 불필요한 시간 등은 없었습니다. 살아가기 위한 그리고 죽음을 위해서 필요한 지식은 이미 가지고 있으니까요」

다로우의 브라이안에 대한 증인심문은 점점 가경에 접어듭니다.

다로우는 한참동안 침묵을 지킨 후, 「브라이안 선생, 인류 최초의 여성이 이브였다는 것을 믿고 계십니까?」하고 물었습니다.

「믿고 있습니다」

「그녀가 정말 아담의 늑골에서 만들어졌다고 글자 그대로 믿고 계신 것입니까?」

「그럼은 요 물론입니다」

「카인이 처를 어디서 발견했는지, 성서의 어디서 알게 됐습니까?」

「모르겠습니다. 그에 대해서는 신의 존재를 안다든가 또는 증명하는 것은 불가능하다는, 불가지론(不可知論)에 맡기기로 했습니다.」

「태양이 천지창조의 넷째 날에 만들어졌다고 생각하고 계십니까?」

「그렇게 생각합니다」

「그렇다면 그때까지는 태양 없이 아침과 밤이 있었던 것입니까? 즉 천지창조 첫째 날에 빛을, 둘째 날에 창공과 바다를, 셋째 날에 땅과 바다 그리고 식물을, 넷째 날에 태양과 달을 창조하여 각각의 날에 저녁이 되고 낮이 있었다고 되어 있는데, 태양이 창조되기 이전에 어떻게 저녁이 있고 밤이 있게 되나요? 태양 없이 아침과 밤이 있었던 것입니까?」

「창조의 과정에 대해서 말하고 있는 것뿐입니다」

「천지창조는 실제로는 6일 이상의 긴 세월이 걸린 것은 아닙니까」

「몇 백만 년이 걸렸을지도 모르지요」

「그렇습니다. 좋습니다」라고 말하고 다로우는 브라이안이 긍정하는 것을 오랫동안 지켜보다가, 「그런데, 뱀에게 이브가 유혹당한 이야기를 믿고 계십니까?」하고 물었습니다.

「저는 성서에 있는 말을 그대로 믿습니다. 성서를 읽어 주시면 대답하겠습니다」

「알았습니다. 그러면 읽겠습니다. 성서에서는, 신은 뱀에게 이렇게 말합니다.

“너와 그 여자 사이에 또한 너의 자손과 그 여자의 자손 사이에, 나는 적으로 대하도록 하겠 노라. 그는 너의 머리를 밟아 부수고, 너는 그의 뒤꿈치를 물것이다.” 여자를 향해 말하였습니다. “나는 너에게 잉태하는 큰 괴로움을 주겠으며 또한 너는 애를 낳는 아픔을 겪게 하겠다. 그리고 너는 남편을 따라야 하고, 남편은 너를 지배할 것이다.” 그대로 입니까?」

「그 말 대로입니다」

「신은 뱀을 향해서, “그러한 짓을 한 너는 저주받을 것이다. 모든 동물과 들판의 짐승 가운데, 너만은 엎드려서 기고 먼지를 먹지 않으면 안 된다. 목숨이 붙어있을 때까지”라고 말하셨습니다. 이 때문에 뱀이 배를 땅에 붙이고 기고 있다고 당신은 생각합니까?」

「그렇게 믿고 있습니다」

「신이 그렇게 말할 때 까지는 뱀은 어떻게 걸어 다녔을까요?」

「글쎄, 모르겠는데요」

「뱀이 꼬리로 서서 걸어 다녔는지 어떤 지 모르십니까?」

「모릅니다, 알 수가 없으니까요」

이 답도 청중의 웃음을 자아냈으나, 우습기 보다는 조소에 가까운 웃음이었습니다. 브라이안은 견디기 어려웠습니다. 그는 얼굴을 붉히고 판사 쪽을 되돌아보았습니다.

「재판장님, 저의 증언을 더 짧게 하고 싶다고 생각합니다. 다로우 씨의 유일한 목적은 성서를 중상(中傷)하는 것이라고 생각되지마는, 저는 그의 질문에 답하겠습니다. 어떤 질문에도 서슴지 않고 바로 답 해

보이겠습니다. 이 신을 믿지 않는 남자가 태네시주의 법정을 이용하려는 것을 전세계에 알리고 싶어서요….」

「당신의 발언에 이의를 신청합니다」라고 다로우가 큰소리로 말했습니다.「지성 있는 그리스도 교인이라면 결코 믿고 있지 않는 어리석은 생각을 더 이상 들어내지 않도록 해 드리지요」

라울스톤 판사는 이 두 사람이 주고받는 설전이 매우 못마땅해서, 설전이 더 벌어지기 전에 휴정을 선언하고 말았습니다.

사람들이 다로우의 주변에 모이고, 손을 잡거나 축하한다는 말들을 건넸습니다. 임시로 세운 잔디 위의 법정을 뒤로하는 다로우의 뒤를 한 무리의 사람들이 뒤 따랐습니다. 뒤 돌아보니 단 한사람의 친구와 함께 쓸쓸히 뒤에 남겨져 서있는 브라이안의 모습이 눈에 띄었습니다. 브라이안은 큰 타격을 받고 있었습니다. 상처를 입은 것은 성서가 아니고 브라이안 자신이었습니다. 어린아이 같은 마음을 가진 무지한 사람이라는 것을 그는 사람들에게 드러내고 만 것입니다.

그러나 한편, 다로우에게는 승리감도 기쁘다는 느낌도 없었습니다. 이 재판이 끝난 후, 다로우에게 가장 뜻 깊었던 일은, 데이턴의 젊은이들이 그를 주빈으로 모시고 연 댄스 파티였습니다. 다음날 아침 라울스톤 판사는 브라이안을 두 번 다시 증언대에 세우지 않고, 전날 그가 진술한 것은 모두 증거로부터 제외한다는 지시를 내렸습니다. 브라이안의 증언이 증거가 되는 기록에서 삭제되는 것은 변호인 측에서는 큰 타격이었지만, 한편 승리이기도 했습니다.

재판은 끝났습니다. 배심원이 법정에 되돌아오고, 다로우는 테네시주 최고재판소에의 항소가 이루어진다면, 유죄의 판결에 동의한다고 진술했습니다. 배심원은 마음 내키지 않는 표정으로 다로우의 제안과 라울스톤 판사의 지시에 따르기로 했습니다. 그들은 스콥스에게 유죄를 선고했으며, 재판장은 $100(현재의 화폐가치로 약 $1300에 해당)의 벌금형을 선고하여 최종 논고를 하였습니다.

이 재판은 원래 재판의 목적이었던 진화론교육이 이루어졌는가? 아닌가에 대한 재판이라기보다는 성서의 올바름을 주장하는 검찰 측과 진화가 옳다고 주장하는 변호 측과의 설전으로 벌어지게 되었습니다. 결국 스콥스는 유죄가 되고 벌금 $100을 물게 되었습니다. 변호측은 주최고재판에서의 항소심에서 법률의 가부(可否)에 대한 논쟁을 하려고 했지만, 부과한 벌금액이 테네시주의 규정인 $50 이상의 벌금형에는 배심원의 권고가 필요하다는 주법에 위반되고 부당하게 높다는 이유로 이 재판자체가 무효가 되었습니다. 즉 우여곡절을 겪은 끝에 이 재판은 그 자체가 소멸해 버린 것입니다.

재판 후, 스콥스는 교직을 사직하고 시카고대학대학원에서 지질학 박사학위를 받은 후 지질측량기사로 석유업계에 들어가 1963년 은퇴할 때까지 종사하였으며 1970년에 사망했습니다. 한편 브라이안은 재판이 끝난 3일 후인 1925년 7월 26일에 재판이 일어났던 데이턴시에서 사망했습니다. 다로우는 그 후에도 노동문제나 사회문제 등을 다루는 인권변호사로 활동했으며, 1938년 3월 13일 시카고에서 사망했습니다.

이 재판 이후 1967년 반진화론법인 법률의 폐지가 결정될 때까지 무려 40년 이상의 기간 동안 반진화론법이 존속하게 됩니다.

이 스콥스재판을 소재로 하여 1931년에 「바람의 유산(Inherit The Wind)」

이라는 제목으로 영화도 만들어졌는데, 스탠리 크레이머(Stanley Kramer)가 감독하고 스펜서 트레이시(Spencer Tracy), 프레드릭 마치 (Fredric March), 진 케리(Gene Kelly) 등이 배역을 맡았습니다. 그리고 1999년에 다니엘 피트리(Daniel Petrie, Sr.) 감독과 잭 레몬(Jack Lemon)과 조지 스컷(George C. Scott) 등의 배역으로 MGM사에서 같은 제목의 영화가 제작되기도 했습니다. 영화제목「바람의 유산」이라고 붙여진 것은 성서의 잠언(箴言)11장에 나오는「자기의 가족을 괴롭히는 자는 바람을 상속하게 되고, 어리석은 자는 마음에 지혜 있는 자의 노예가 된다」는 문구 중의 바람의 유산이란 말을 브라이안이 인용하여 데이턴 시민에게 반진화론에 관해 연설하는 내용에서 비롯됐습니다. 이 스콥스재판은「In Search of History, Scopes Monkey Trial FULL」과「History Brief: The Scopes Trial」등 다큐멘터리 기록으로 남아 있어서 유튜브에서 그 영상을 볼 수 있습니다.

1982년의 아칸소주의 수업시간균등법재판에서 창조과학을 갈파(喝破)했던 엘드리지((Niles Eldredge, 1943~) 박사가 스콥스재판과 관련해서「몽키 비지니스 (The Monkey Business, 1982)」라는 제목으로 책을 출판하기도 했는데, 그 책은 창조과학이 진화론을 공격하는 것에 대한 반론을 신랄하게 다룬 내용입니다. 이 책제목의「몽키 비지니스」는 미국에서 1931년 상연된 마크스 형제(Marks Brother)의 속이고 사기 치는 내용의 프리 코드 코미디 영화(Pre Code Comedy Film)「몽키 비즈니스 」에서 따온 것으로 알려져 있습니다. 엘드리지는 미국자연사박물관의 무척추동물부 부장으로 지질학, 진화이론, 분류학학자로, 반창조과학을 주장하는 학자이기도 합니다. 또한 1972년에 굴드(Stepen J. Gould, 1942-2002)

와 함께 유명한 「단속평형설」을 제창하여 점진적진화관에 도전한 고생물학자로도 유명합니다.

3-2. 아칸소주의 수업시간균등법재판

미국의 루이지애나주와 아칸소주에서 공립학교에서는 진화론을 가르치는 경우 창조과학도 가르치지 않으면 안 되며, 또한 수업시간도 균등하지 않으면 안 된다는 법률이 제정됐는데 이를 수업시간균등법이라고 합니다.

1981년에 아칸소주의 수업시간균등법재판이 일어나기 이전인 1968년에 이미 아칸소주 반진화론법재판에서 반진화론법이 폐지되었습니다.

이와 같이 20세기에 이르러 미국에서 종교적으로나 사회적으로 반진화론 운동과 이를 저지하려는 운동이 격렬하게 일어나고 이에 따라서 진화론재판이 여러 차례 열리는 등 크게 문제가 되고 있던 시기에, 미국의 과학교육에 있어서도 큰 변혁이 일어나고 있었습니다. 19세기 말에 시작된 신교육 또는 진보주의교육운동 이전의 전통적 교육에서는 학문적교과내용이 중시되어 교과서(교재)가 전문적인 과학자인 대학교수에 의해서 쓰여 졌습니다. 그러나 세계 제2차 대전 후 일어난 진보주의교육운동은 지금까지의 전통적인 교육은 학생들의 생활과 직접 관계없는 지식을 주로 교사가 일방적으로 주입시키려는 것이라며 비난하고 반대했습니다. 그래서 종래의 전통적인 커리큘럼을 폐지하고 학생의 생활경험을 중심으로 하는 교과서를 교육의 전문가나 직업적인 문필가의 협력 하에 쓰여 지게 되었습니다.

이렇게 만들어진 교과서는 전통적 교과서에 비해서 생도에게는 읽기 쉽고 재미도 있어서 생도들의 학교생활에 잘 어울리게 되었습니다. 학교에서는 레크리에이션 활동이 많아져서 생도들은 즐겁게 되었습니다. 그러나 이 결과 학문적인 수준이 낮아지고 이러한 교육을 받은 생도들이 대학에 들어오자 학생들의 학문적 수준이 너무 낮다는 사실을 대학 측에서 심각하게 느끼게 되었습니다.

이러한 가운데 1957년 스푸트니크(Sputnik) 쇼크가 일어났습니다. 1957년 10월 4일 소련에 의해서 인류 최초의 인공위성 스푸트니크(Sputnik) 1호의 발사가 성공했다는 보도는 미국을 위시한 서방 여러 나라들에게 큰 충격과 위기감을 안겨 주웠습니다. 지금까지 세계에서 자기들을 앞서는 나라가 없을 것이라고 자부해 오던 미국이 인공위성에 있어서 소련이 미국을 앞섰다는 것을 통감하게 되었습니다. 이로 인해 미국은 정부의 과학정책을 다시 검토하게 되고 교육계에 대한 비판과 함께 진보주의교육에 대한 강한 비난이 일어나자 공립학교에 있어서의 과학교육은 다시 검토되게 되었습니다. 이에 전미과학재단에서 과학교육의 개혁에 거액의 자금을 지원하기 시작했습니다.

이를 계기로 중학교와 고등학교의 교육개혁운동이 활발히 일어났는데, 교과목의 학문적 내용과 개념을 이해하도록 하는데 중점을 둔 새로운 교과서를 만드는 노력이 이루어졌습니다. 이러한 전통적 교육으로의 복귀 운동은, 물리, 화학, 생물, 수학 그리고 지구과학교육 등으로 파급되었고 좋은 과학교과서나 실험지도서 그리고 교사용지도서를 만들어 학문의 내용을 체계적으로 가르쳐서 학생들의 학문의 수준을 높이려는 데 그 목적이 있었으며, 이러한 운동은 우리나라나 일본 등에도 보급되었습니다.

이러한 가운데, 1967년에는 스콥스재판에서 논쟁됐던 테네시주의 반진화론법 (버틀러법)이 폐지되고 또한 1968년 아칸소주의 공립학교에 있어서의 진화론 교육을 금지시킨데 대해서, 성서에 일치하지 않는다는 이유로 진화론을 가르치는 것을 금지한 것은 특정한 이론을 말살하려는 것으로, 미합중국 헌법 수정 제1조(표현의 자유나 신교(信敎)의 자유를 다루고 있다)에 위배된다는 최초의 연방최고재판소의 판단을 이끌어 내는데 성공하였습니다.

1982년에 [2]아칸소주에서 일어난 이 재판에서는 "창조과학이 과학인가 또는 진화론을 과학이라고 할 수 있는 가"라는 주제가 논쟁의 대상이 되었습니다. 창조과학은 처음에는 창조는 과학이라고 주장했으나, 점점 변론이 궁색해지자, 반대로 진화론은 과학이론이라고는 할 수 없고 종교와 같은 것이라는 주장으로 바꾸었습니다.

이에 대해서 이 재판을 담당한 연방판사 오버톤(William Ray Overton, 1939-1987)은 창조과학은 과학이 아니고 특정의 종교의 교양을 돕기 위한 것이라고 하여 1982년 1월 5일에 아칸소주법에 위헌판결을 내렸습니다. 그는 판결문 중에서「과학이론이란 불변의 것이 아니고 그 이론

2 Wikipedia2019/09/19 13:00, https://en.wikipedia.org/wiki/William_Overton_(judge). JUDGE OVERTURNS ARKANSAS LAW ON CREATIONISM By Reginald Stuart, Special to the New York Times. Jan. 6, 1982.

에 일치하지 않는 사실이나 반증 등에 의해서 항상 개정 또는 파기할 수 있는 것이다. 그 이론에 의해서 고화되어 절대적으로 개정될 수 없는 것은 과학이론이 아니다」라고 했습니다. 그리고 학교교육 속에서 가르쳐야 할 과학이론은 어떤 것 이어야 하는 가의 조건을 제시했습니다.

자연법칙으로부터 유도되어야 한다.

자연법칙의 설명에 의해서 증명되어야 한다.

경험이 가능한 세계에 대해서 검증이 가능해야 한다.

그 결론은 가정적인 것이며, 최종적인 결론일 필요는 없다.

반증이 가능해야 한다.

오버톤 판사의 판결문은 과학의 정의에 관한 뛰어난 논문으로 평가받았으며 그 후 미국의 저명한 과학잡지 [3]「사이언스(Science)」에 게재되었습니다. 그리고 1987년의 루이지애나주의 수업시간균등법재판에 대해서 미국연방법원의 표결 결과 루이지애나주법에 위헌판결을 내렸습니다. 이 결과 1920년에 시작된 진화론재판에 하나의 매듭을 짓게 되었습니다. 미국에서 일어났던 진화론과 창조론에 관련한 재판은 스콥스재판을 제외하고도 주요한 재판은 1968년 이후 1982년의 아칸소주의 수업시간균등법재판을 비롯해서 2005년의 키즈밀러 대 도버교육지역구(Kitzmiller vs Dover Area School District) 재판까지 열 번에 이르고 있습니다.

이후 창조과학 분야에서 종래의 그들의 주장을 일부 변경하여「인

3 *Overton, W. R. (1982). "Creationism in Schools: The Decision in McLean versus the Arkansas Board of Education". Science. 215 (4535): 934-943.*

텔리전트 디자인(Intelligent Design 지적설계)론」으로 그 모습을 바꾸고 있는데 그 예로는 키즈밀러 대 도버교육지역구의 재판을 들 수 있습니다. 2004년 10월 펜실베니아 주 요크 카운티의 도버교육지역구에서는 생물학교육 커리큘럼을 변경하여 「지적설계」를 진화론의 대안으로 교육하자는 시안을 냈는데 이에 반대한 미국시민자유연합과 학부모들이 제소하여 2005년 9월 26일 키즈밀러 대 도버교육지역구의 재판이 열렸으며, 그 결과 2005년 12월 20일 판사 존스(John E. Jones)는 원고의 주장대로 「지적설계」는 과학이 아니고 창조론의 한 형태라는 승소판결을 내렸습니다.

창조과학자들은 생물의 정교함은 우연히 창조되었다고 보기 보다는 어떤 고도한 지성(知性)이 작용한 것에 틀림이 없다고 주장합니다. 즉, 세계를 창조한 것은 신이라 기 보다는 어떤 지적인 존재일 것이라고 바꾸어 말하고 있는데, 이 생각은 1802년에 영국의 신학자 윌리엄 페일리(William Paley)가 「자연신학」의 저서에서 말한 데서 연유된 것입니다. 1990년대 후반에 이르러서는 생물진화의 교육에 관해서 여러 주의 교육위원회에서 논의가 이루어지고 있습니다.

1982년의 아칸소주의 수업시간균등법재판에는 금세기의 위대한 석학의 한 사람인 하버드대학 지질학과 생물진화론 교수이며 과학사연구로 유명한 「단속평형설」을 제창한 굴드(Stephen Jay Gould, 1942-2002)가 전문가로서 재판에 나아가서 「NOMA(Non-Overlapping Magisterial), 즉 과학과 종교의 두 교도권(敎導權)을 인정하고, 절대 서로의 영역을 침범하지 않는다면 공존이 가능할 수 있다」고 주장을 하였습니다. 1999년에는 미국과학아카데미도 이와 같은 태도를 취하게 되었습니다.

현대지질학의 창조과학 비판

제4장

지구관은 어떻게 변해 왔는가

현대지질학의 창조과학 비판

제4장

지구관은 어떻게 변해 왔는가

4-1. 유신론에서 이신론적 지구관에 이르기까지

천지창조 이후 이 세상은 늘 신에 의해 감시되고 또한 신은 기적을 일으켜서 이 세상을 지배해 왔다고 믿는 유신론(有神論, theism)의 지구관은 16세기까지 지배적이었습니다.

16세기의 화석 수집가들은 생물과 무생물 사이에는 차이가 없다는 헤르메스 사상에 젖어 있었기 때문에 화석은 생물과 닮았지만 이는 생물의 유해가 아니고 땅속에서 조형력에 의해 만들어진 것이라고 생각하였습니다. 그러나 고대 사람들은 일찍부터 화석에 대해서 주의를 기울였었습니다. 기원전 5 세기경 리디아(Lydia, 현재의 터키의 키닉)에서는 바다에서 멀리 떨어진 곳에서 조개 모양으로 된 것이 포함되는 암석의 노두를 보고는 이곳은 한때 바다 밑이었을 것이라고 생각했습니다.

고대 그리스의 역사가이자 지리학자인 헤로도토스(Herodotus, 484-420 B.C.)는 이집트(Egypt)의 지중해에 면한 언덕 사면에서 발견한 조개껍질에 주목했습니다. 그는 이러한 관찰 사실로부터 이집트는 이전에 바다에 연한 만(灣)이었을 것이라고 생각했습니다. 한편 중국에서도 일찍이 화석에 대해서 인식하고 있었습니다. 역도원(酈道元, 469-527)은 수경주(水經注, 중국 남북조 시대에 저작된 지리서)에서 화석의 존재를 지적하고 있습니다. 또한 송(宋, 10-13 세기) 시대에는 화석이 발견되는 산은 수중에서 만들어졌다고 생각하였었습니다.

화석의 생물기원설은 이미 레오나르도 다 빈치(Leonardo da Vinci, 1452-1519)에 의해서 주장되었습니다. 레오나르도 다 빈치는 조개껍질에는 1년마다 자란 흔적이 보이기 때문에 그것은 실제로 생활하며 성장한 동물의 유해라고 주장하고 그때까지 믿어져 왔던 화석은 달 없는 캄캄한 밤에 하늘로부터 떨어져 내려온다는 천체의 영향설에 대해서 반박하였습니다.

당시 화석의 생물기원설과 그것이 해저에서 만들어졌다고 믿으면서도 화석이 예기치 못한 높은 산과 같은 곳에서 발견되고 있는 사실에 대해서 성서에 기록된 노아의 대홍수로 설명하였습니다. 이에 대해서 레오나르도 다 빈치는 만일 조개껍질이 홍수의 탁류에 의해서 운반되어 왔다면 그것들은 오늘날 우리가 보는 것과 같은 규칙 바른 지층 속에서 발견되지 않고 진흙 속에서 서로 뒤 섞여서 불규칙하게 나타날 것이라고 설명하였습니다.

그는 오늘날 보아서도 매우 올바른 세 가지의 견해를 가지고 있었습니다. 즉 (1) 화석은 생물의 유해로서 천체의 영향으로 된 것은 아니며, (2) 그것은 해저에서 퇴적된 것이다, (3) 그 바다는 성서에서 이야기하고 있는 40일간 보다 훨씬 긴 기간 동안 육지를 덮고 있었다고 한 점입니다.

화석이 생물의 유해라는 것을 과학적으로 증명한 사람은 17세기의 덴마크의 의사이자 이탈리아에 살면서 지질학에 많은 공헌을 한 학자로 알려진 스테노(Nicolaus Steno, 덴마크 명: Niels Stensen 1638-1686, 그림 9)였습니다. 이때까지 글로쏘페트라(설석, 舌石, Glossopetrae)라는 화석은 오래 전부터 사람들의 호기심을 끌어 왔었는데, 이 화석은 달 없는 캄캄한 밤에 하늘로부터 떨어져 내려온다고 믿어져 왔었습니다. 그러나 스테노는 1666년 10월에 이탈리아의 레그혼 부근에서 잡힌 큰 상어를 해부하여 상어의 머리 부분과 입안을 면밀히 조사 관찰하고 해부한 결과, 글로쏘페트라는 화석이 상어의 이빨과 매우 닮았다는 사실로부터 1667년에 글로쏘페트라는 생물로부터 유래된 화석이라고 발표하였습니다(그림 10). 그는 이를 근거로 화석은 생물의 유해가 땅속에 묻혀서 암석화 되어 만들어진 것이라고 주장하였으며, 암석 속에서 발견되는 생물의 유해들은 대체적으로 노아의 대홍수보다는 더 오래된 것들이라고 하였습니다. 또한 스테노는 자기가 관찰한 지층의 쌓여 있는 순서로부터 가장 오래된 지층은 아래에 놓이고, 젊은 지층은 그 위에 쌓인다는 원리인 「지층누중의 법칙(Law of Superposition)」을 일반화시켰습니다.

그림 9. 니콜라우스 스테노

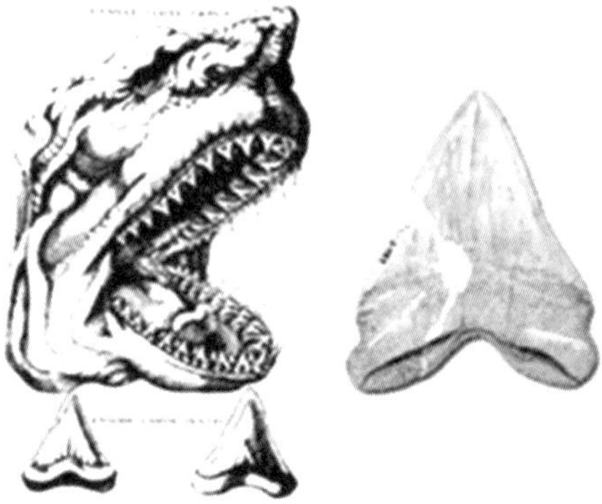

그림 10. 상어의 해부도와 그 이빨
http://www.loadtve.biz/nicolaus-steno.html에서 전재.

17세기에 이르러 갈릴레오나 뉴턴의 물리학이 탄생하게 되자 이 세상은 어떠한 법칙에 의해서 운행된다는 생각이 일어나게 되었습니다. 즉 신이 기적을 일으켜서 이 세상을 움직이는 여러 가지 법칙이나 변화도 창조했을 것이라는 생각을 갖게 되면서 신의 기적에 의해서 이 세상이 운행 지배되어 왔다는 유신론적 생각을 부정하게 됐는데 이러한 생각을 이신론(理神論, deism)이라고 부릅니다.

이와 같은 이신론적인 자연관을 체계적으로 세운 사람은 르네 데카르트(René Descartes, 1596-1650)였습니다. 근대 철학의 아버지라고 불리는 데카르트의 유명한 저서 「철학의 원리(1644)」 제4부의 지구에 관해서는 지구의 형성과정을 논하고 있습니다. 데카르트는 지구(또는 지구와 같은 천체)의 생성과정을 다음과 같이 설명하였습니다(그림 11).

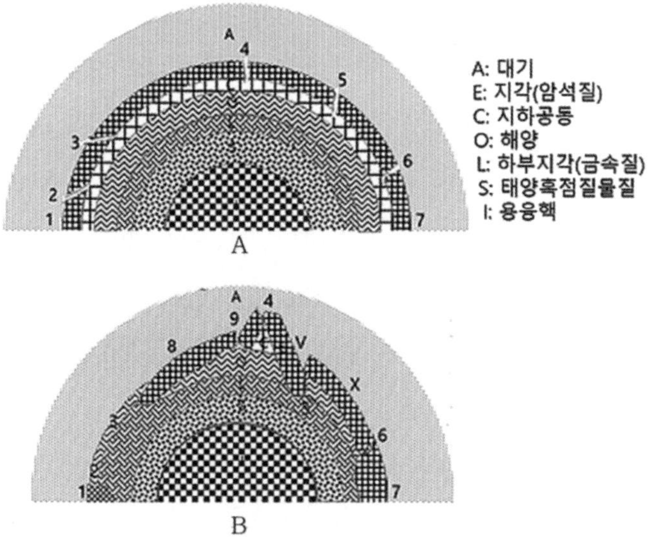

그림 11. 르네 데카르트의 Principles of Philosophy 1644의 지구형성모델을 수정보완.

지구는 처음 백열 용융된 불덩어리였는데 이것이 냉각되고 굳으면서 여러 층으로 된 층상구조를 만들게 되었다고 하였습니다. 즉 불덩어리인 중심부를 둘러싸고 태양흑점과 같은 물질로 된 층이 만들어지고, 그 바깥으로, 주로 금속으로 된 하부지각, 바다, 주로 암석으로 된 상부지각, 그리고 대기층이 만들어졌다(그림 11A). 그 후 지각 하부층은 물로 된 층으로 공동(空洞) 등을 포함하고 있으므로 지각일부가 무너져서 지각의 표면에 불규칙적인 기복이 만들어지고 여기에 산이나 바다 같은 지형이 생겨났다(그림 11B).

이와 같은 데카르트의 설은 후에 영국의 물리학자이며 천문학자인 훅(Robert Hook, 1635-1703), 니코라우스 스테노 그리고 신학자인 버넷(Thomas Burnet, 1635-1715)들에게 영향을 미쳤습니다.

17세기에 들어서도 물리학자나 천문학자 그리고 지질학자들도 신의 존재를 믿고 성서에 쓰인 역사, 예를 들면 노아의 홍수 등을 쓰여 있는 그대로 믿었으며 성서에 바탕을 둔 세계의 연대학에 따라서 신이 우주와 지구를 창조한 것은 지금으로부터 약 6,000년 전이라고 생각하고 있었습니다. 예를 들면 북아일랜드 아마 지방의 대주교였던 어셔(James Ussher, 1581-1656)는 창세기에 나온 연대를 계산해서 지구가 생긴 것은 기원전 4004년 10월 23일 일요일 아침 9시라고 주장하였으며 당시는 이 설이 매우 유력하였습니다.

한편 영국국왕 윌리엄 3세의 목사 및 비서관으로 고명한 성직자이며 지질학자였던 버넷(Gilbert Burnet, 1643-1715)은 노아의 홍수를 일으키기 위해서 필요한 물의 양을 계산하고 하늘에서 내린 비만으로는 부족하다고 생각하였습니다. 그는 데카르트의 설을 받아드려 지각 하부의 물 층 속으로 지각이 붕괴하여 떨어졌기 때문에 하부층의 물이 지표로 솟아 나와 대홍수를 일으켰다고 설명하였습니다. 버넷은 노아의 홍수를 신이 일으킨 기적으로 생각하지 않고 자연의 법칙에 따라 일어났다는 이신론적인 입장에서 설명하였던 것입니다.

4-2. 18세기에 계몽사상이 지구관에 미친 영향

18세기에 이르자 유럽에서는 프랑스를 중심으로 계몽사상운동이 일어났습니다. 이 운동은 낡은 관습이나 제도 그리고 종교적 전통을 비판 공격하는 합리주의였습니다. 이 운동의 대표적인 사람은 볼테르(Voltaire, 본명: François Marie Arouet, 1694-1778)였습니다. 그는 교회의 횡포와 종교적인 편견을 강하게 공격 비판했으나 신의 존재는 인정한 이신론자였습니다. 18세기 후반에 와서 프랑스의 계몽주의사상가들 중에는 신의 존재를 의심하거나 부정하는 사람이 나타나게 되었는데, 이러한 분위기에 접하게 된 18세기의 프랑스에서는 계몽주의사상가 뿐 아니라 신의 존재를 믿는 과학자들도 과학과 종교는 별개의 것이라는 생각을 갖게 되었습니다. 이렇게 되자 과학 속에 종교를 개입시키는 일이 없어지게 되었으며, 구약성서에 쓰여 있는 노아의 홍수와 같은 사건을 지질학상의 문제로 다루는 학자의 수는 줄게 되었습니다.

이와 같은 18세기의 프랑스에 있어서 계몽사상의 보급의 온상이 된 곳은「싸롱과 까페」였습니다. 아프리카 원산의 커피는 16세기에 이르러 아랍에 전래되어 재배되었는데, 회교의 경전「코란(The Koran)」에 의해서 음주가 금지되어 있는 이슬람교도들에 의해서 열광적으로 마시게 되어 그들에게는 없어서는 안 될 음료가 되었습니다. 커피는 그 후 1517년에 오스만 투르크에 전해지고 유럽에는 17세기에 이르러 전해지게 되었습니다.

프랑스에서는 1654년에 처음 까페가 생겼고, 1686년에는 꼬메디 프랑세스(Comêdie-Française) 부근에 까페「프로꼬오쁘(Le Procope Cafe)」가 문을 열자 시민들로부터 열광적인 인기를 얻게 되었습니다. 이를 계기로 많은 시인, 작가, 철학자 및 혁명가들이 까페에 출입하게 되면서 이곳은 서로의 만남과 토론의 장소가 되었으며, 특히 계몽사상가들이 즐겨 찾고 열 띈 토론을 하였습니다. 그리고 프랑스혁명 이후 까페는 정치적인 집회의 장소로도 되었으며, 까페가 일반 서민들도 참가할 수 있는 사교장인데 반해서, 싸롱은 귀족 및 상류시민의 사교장으로 주로 그들의 저택에서 열리는 경우가 일반적이었습니다.

18세기의 대자연 과학자이며 박물학자였던 뷔퐁(George-Louis de Buffon, 1707-1788)은 1778년에 발표한 저서「자연의 여러 시기(Époques de la nature)」를 출판했는데 여기에서도 지구의 기원과 역사를 논했습니다. 그는 지구는 처음에 백열 하는 불덩어리였는데, 이 불덩어리가 냉각 고화되어 원시 지각이 만들어진 후 처음에 바다가 생기게 되고 이어서 화석을 포함하는 지층이 퇴적되었으며 동시에 증발에 의해서 바다가 감소했다는 설을 내세웠습니다.

뷔퐁은 지구나 태양계의 다른 천체들은 어느 때 거대 혜성이 태양에 충돌하여 태양의 고온의 유체의 일부가 떨어져 나가서 만들어졌고 지구는 극 쪽이 약간 편평한 구의 모양을 갖게 되었다고 하였습니다. 뷔퐁의 설 중 가장 중요한 점은 지구의 냉각모델 실험에 의해 지구의 연령을 75,000년으로 본 점입니다. 이는 17세기에 성서의 연구로부터 얻어진 지구의 나이의 10배 이상이었습니다.

18세기 중엽에 이르자 지질학이 실증적이고 체계적인 학문으로서의 모습을 갖추게 됐는데, 이에 크게 공헌한 사람은 프랑스의 게따르(Jean Etienne Guettard, 1715-1786)와 데마레(Nicolas Desmarest, 1725-1815)였습니다. 게따르는 프랑스 국내의 광물분포 및 산출 상태에는 규칙성이 있음을 알게 되었습니다. 그는 이 조사결과를 지도에 나타내어 프랑스의 광물지도(Atlas mineralogique de la France, Mineralogical Atlas of France)를 작성하였는데, 이것은 오늘날의 지질도의 원시적인 것이었습니다.

데마레는 오베르뉴 지방의 화산군을 상세히 연구하여 화산학의 기초를 세웠으며, 오베르뉴 지방의 화산의 모습이 침식에 의해서 점점 파괴되어 가는 모습을 밝히고, 이러한 관점에서 화산을 네 종류로 분류하였습니다. 겉으로 보기에는 전연 달라 보이는 여러 가지 지질현상을 침식이라는 개념으로 통일적으로 설명을 시도한 것은 이것이 세계 최초의 일이었습니다.

4-3. 베르너의 지구관과 수성론

1765년 남도이치 작센(Saxony)지방 프라이베르그에 프라이베르그 광업아카데미(프라이베르그 광산학교, Bergakademie Freiberg)가 설립되었는데, 1775년에 이 학교에 [1]베르너(Abraham Gottlob Werner, 1749-1817, 그림 12)가 교수로 초빙되어 광물학이나 암석학에 관한 정확한 기재를 가르쳤습니다.

베르너 이전에는 암석은 광물조성으로 분류되었으나 베르너는 암석을 그 생성시대로 분류하는 것이 더 중요하다고 생각하였습니다. 그래서 지구상의 암석을 먼저 퇴적한 시대로 나누고 동일시대에 퇴적한 지층군을 하나의 암층군(Gebrigformation) 이라고 하였으며, 스테노의

1 Adams, F. Dawson 1938. The birth and development of the geological sciences, Baltimore, The William & Wilkins company. P. 211-225.
Fenton, L. Carroll ad Fenton, L A. Mildred 1945. VI Neptune versus Volcanoes.
Dean, R. Dennis 1992. James Hutton and The History of Geology. Cornell University Press. p. 94-101에서 일부 발췌.

지층누중(累重)의 원리를 적용하여 지층의 신구(新舊)를 정했습니다. 이와 같이 암층군이 정의되었기 때문에 그 분포를 지도상에 나타나게 함으로써 지질도를 만들 수 있게 되었습니다.

베르너는 뷔퐁이 생각했던 것과 같이 지구는 처음 원시해양에 의해서 덮여 있었으나 시간이 지남에 따라 해수면이 낮아져 오늘날의 육지가 나타나게 되었다고 생각하였습니다. 그리고 현재 지구상에 보이는 암석은 모두 그 바다 속에서 침전 퇴적된 수성암(水成岩)이며 화산작용은 지하 깊은 곳에 있는 석탄층의 연소에 의해서 주변의 암석이 녹아서 그것이 분출되어 일어난 것이라고 하였습니다. 그리고 해수의 화학조성은 시대에 따라 일정한 방향으로 변화했기 때문에 지구전체에 걸쳐서 같은 시대에는 같은 암상의 층서가 생기게 되었다고 설명하였습니다.

그림 12. 아브라함 G. 베르너 (Abraham Gottlob Werner). https://mn.m.wikipedia.org/wiki/%D0%A4%D0%B0%D0%B9%D0%BB:Abraham_Gottlob_Werner_1.jpg의 사진전재.

18세기말부터 19세기초까지 이 학교는 세계 광물학의 중심이 되었습니다. 베르너는 매우 열정적이고 쉽고 명료하게 강의를 했기 때문에 그의 강의는 당시 대단한 명강의로 소문이 나서, 세계 각 곳에서 학생들이 베르너 밑에 운집했다고 전해지고 있습니다. 세계 여러 나라에서 베르너 밑으로 모여든 학생들은 각기 자기나라로 돌아간 후에 베르너의 학설을 넓혀 나가고 또 그의 학설에 바탕을 둔 책을 쓰거나 지질조사를 하여 지질도를 만들었습니다.

그러나 그와 같은 지질조사가 진행됨에 따라 베르너의 학설의 틀에 맞지 않는 사실들이 점차로 발견되었습니다. 예를 들면 처음에 현무암은 원시암층에만 있는 암석이라고 생각되었지만 얼마 후에, 다른 시대의 암층 속에도 있다는 사실이 알려지게 되었습니다. 그래서 그들은 자기의 관찰에 맞게 베르너의 학설을 바꾸어 나갔으며, 이렇게 해서 베르너의 학설은 세계적인 지질학적 조사연구의 출발점이 되었습니다.

베르너의 학생으로서 지질학을 공부한 폰 부흐(Leopold von Buch, 1774-1853)는 전 유럽을 여행하여 많은 새로운 관찰을 보고하고 1824년에는 도이치의 지질도를 발표하였습니다. 영국에서는 런던지질학회 회원들이 베르너에게 직접 배운 적이 있는 런던지질학회장 그리노프(G. B. Greenough, 1778-1855)의 지도하에 지질조사를 하여 1820년에 영국의 지질도를 출판하였습니다. 미국에서는 사회개량가 매크루어(William Maclure, 1763-1840)가 베르너의 학설에 따라서 스스로 지질조사를 하여 미국 동반부의 예비적인 지질도를 1809년에 출판하였습니다. 이와 같이 베르너는 세계각지에서 모여든 많은 제자들을 길러내어 지질학과 광물학의 보급 그리고 광산조사 및 개발에 이바지하도록 한 큰 공적을 남겼습니다.

베르너는 1749년 9월 25일 붸라우(Wehrau)에서 태어났습니다. 그는 어릴 때부터 암석에 관심이 많았으며 그의 부친은 베르너가 알파벳을 배우기 시작하자 광물의 작은 표본들을 상자에 담아 정리하고 이들의 성인이나 용도에 관해 가르쳤다고 합니다. 그가 글을 읽을 수 있게 되자 주로 광물이나 공산품에 관한 사전을 즐겨 봤다고 합니다. 이와 같이 베르너가 광물학이나 암석학에 깊은 관심을 갖게 된 것은 그의 아버지가 이 분야에 흥미를 갖도록 이끌어준 데 있다고 합니다.

그는 10살 때 실레시아의 분즐라우(Bunzlau)의 구 45가에 있는 학교를 다녔으며, 그 후 광물학을 연구하기 위한 열망이 커지자 1769년에 설립된 프라이베르그 광업아카데미에 입학하여 정규적인 교육을 받고 그 스스로가 작센 지방의 광산을 방문하여 광산에 관한 여러 가지 조사와 연구를 하였습니다. 그 후 보다 넓은 지식을 얻기 위해서 1771년 봄에 라이프치히대학에 가서 2년 동안 법률공부를 하였으나 그의 첫째 관심은 광물학에 있었습니다. 그 후 앞에서 말한 바와 같이 1775년에 프라이베르그 광업아카데미의 교수로 초빙되었습니다. 이 때 그의 나이는 26세로 이후 남은 생애인 약 40년간을 이 대학의 교수직에 머무르면서 교육과 연구에 이바지하였습니다.

4-4. 허턴의 자연신학적 지구관과 화성론

계몽사상은 17세기말에 잉글랜드에서 처음 나타났지만 잉글랜드에서는 보급되지 않고 18세기에 이르러 프랑스에서 가장 격렬한 사상운동이 되어 이신론이나 무신론을 낳게 되었습니다. 한편, 영국에서는 18세기가 되어도 계몽사상은 미온적인 상태여서 이신론조차도 흥하지를 못하고 그 대신 자연신학(Natural Theology)이라는 것이 성행하게 되었습니다.

자연신학이란, 신은 항상 신하고 깊은 자비심을 갖고 이 세상의 모든 것을 창조했다는 생각입니다. 즉 신은 인간의 눈을 아주 정교하게 만들어서 무엇이든 잘 보이게 하였으며, 또한 밤이 되면 어두워서 사람들이 다니기가 어려우므로 달까지 만들어주었다. 그리고 새들이 하늘을 잘 날 수 있는 것은 신이 그들의 몸을 가볍게 만들어 주었기 때문이다. 이와 같이 인간이나 생물이 그 환경과 조화되어 잘 살 수 있도록 한 것은 신의 자비심 깊은 계획에 의한 것으로 이것이 곧 신의 존재를 증명하는 것이라는 생각입니다. 따라서 이러한 생각은 계몽적인 합리주의 사상의 입장에서 보면 학문으로서는 성립이 될 수 없는 것이었습니다.

지질학사상 제일설이라는 지질학의 원리를 낳게 한 학자로 유명한 허턴(James Hutton, 1726-1797, 그림 13)은 자연신학의 열렬한 지지자였습니다. 그런데 1970년대까지는 허턴은 편견 없이 자연을 정확히 관찰하여 이를 과학적으로 체계화함으로써 제일설을 낳게 하고 근대 지질학의 기초를 이룩한 지질학사상 최고의 공로자로 보는 것이 일반적이었습니다.

그림 13. 제임스 허턴(James Hutton)(A)와 그의 반대 자들(B).
A _ Dennis R. Dean. James Hutton. Cornell University Press. 1992 표지사진
B _ Edinburgh의 Salisbury Craig의 암벽 지질조사 중 돌연히 암석면에 나타난 세 사람의 허턴의 반대자들의 모습으로 변한 단면을 해머로 때리는 장면. (John Kay, 1837). Ennis R. Dean의 James Hutton. p. 48 사진 전재.

그러나 1970년 이후의 지질학사가들의 새로운 연구, 예를 들면 러드윅(M. J. Rudwick, 1976), 그린(M. T. Green, 1982), 굴드(S. J. Gould, 1987) 그리고 딘(D. R. Dean, 1992) 등에 의하면 허턴에 대한 과거의 평가는 사실과 다르다는 것이 밝혀졌습니다.

실제로 허턴의 자연관은 자연신학에 바탕을 두어 연역적(演繹的)으로 이루어진 것이었습니다. 그는 따라서 지구가 본질적으로 일정한 방향으로 변화한다는 생각을 부정하는 정상적(定常的)지구관을 갖고 있었으며, 이 생각은 근본적으로 잘못된 것이었습니다. 이 정상적지구관은 후에 라이엘까지 이어지게 됩니다.

허턴은 1726년 6월 3일 스코틀랜드의 에든버러에서 태어났으며, 1740년 11월에 에든버러고등학교를 거쳐 에든버러대학에 들어갔습니다. 허턴은 특히 화학에 대한 관심이 매우 컸습니다. 후에 그는 에든버

러대학에 재입학하여 1747년까지 의학을 공부하였고 그후에 프랑스 파리로 옮겨 화학과 해부학을 전공했습니다. 그리고 1749년 네덜란드의 라이든대학에서 의학박사학위를 받았으며 학위논문은 「사람의 혈액과 이의 순환」에 관한 것이었습니다.

그러나 그는 스코틀랜드에 돌아온 후 그 자신의 전공 분야에는 종사하지 않았습니다. 허턴이 지질학에 대한 관심을 갖기 시작한 것은 파리에서 공부했던 1748년경부터였으며 그 후 1753년경부터 농업에 관한 연구를 하는 동안 지질학에 흥미를 더욱 갖게 되었습니다.

1754년 스코틀랜드로 돌아온 그는 에든버러에서 약 65km 떨어진 버윅샤이어(Berwickshire)라는 고장에서 자기의 농장을 1767년 말까지 경영하여 많은 재산을 축적하게 되었습니다. 생활하는데 걱정이 없게 되자, 자기가 경영하던 농장은 다른 사람에게 무상으로 빌려주고, 에든버러로 되돌아왔습니다. 그리고 철학학회에 가입하여 과학에 관련된 일을 수행하였는데 이 때 그의 나이 42세였습니다.

허턴은 당시 유럽의 사상권(思想圈)의 수도인 에든버러에서 여러 지식인들을 사귀게 되었는데, 이들 중에는 수학자인 플레이패어(John Playfair, 1748-1819)와 이산화탄소와 잠열현상을 발견한 화학자인 죠셉 블랙(Joseph Black), 증기기관 발명으로 유명한 재임스 와트(James Watt), 국부론의 저서로 유명한 아담 스미스(Adam Smith), 그리고 철학자인 데이빗 흄(David Hume)등이 있으며, 이들과 함께 유복한 지식인으로서 살았습니다([2]딘(Dean, D.R. 1992)의 「허튼과 지질학사」의 전반부에서 발췌 인용).

2 Dean, R. Dennis. 1992. James Hutton and The Geology of History. Cornell University Press.

1788년 6월의 맑은 날인 어느 날, 허턴은 미국의 지질학자인 제임스 홀(James Hall, 1811-1898)과 수학자인 존 플레이페어를 보트에 태우고 해안을 따라 남쪽으로 내려가다가 에든버러에서 약 50km 떨어진 해안의 암석 노두로 된 단애에서 부정합 노두를 발견했는데 이곳이 시카포인트(Siccar Point)로 지질학사상 가장 유명한 명소가 된 곳입니다.

허턴은 [3]시카포인트(Siccar Point)에서 급경사의 고생대 실루리아기의 그레이왁케(graywacke) 사암층을 완경사의 고생대 데본기의 구적색사암(舊赤色砂岩)이 덮고 있는 노두를 보고 이 관계를 부정합(Unconformity)으로 해석하였습니다(그림 14).

허턴은 지층들은 1차층과 2차층에 관해서 그것의 신구(新舊)를 결정하는 것은 부정합이며 습곡된 층이 1차층으로 그 외의 지층은 2차층이라고 해석하였습니다. 그리고 부정합의 연대는 결정할 수 없지만 이층의 상대연대를 결정할 수 있는 것은 부정합으로 이는 지질학적 사건의 존재를 밝히고 암층의 상대연령을 결정하는 이중의 기능을 갖는다는 중요한 사실을 확립시켰습니다.

읽을거리 4: 허턴의 부정합 시카포인트를 찾아서

저자가 오래전에 어렵게 구한 20세기 지질학의 불후(不朽)의 명저로 알려진 빨간 표지의 하드커버 양장 제본의 1288 페이지의 두꺼운 아서 홈스(Arthue Holmes)의 「지질학의 원리(Principles of Geology 1965) 」를 읽고 깊은 감명을 받았었습니다. Chapter XXXVIII Heat Flow, Volcanic Activity, and Convection에서는 사장됐던 베게너의 대륙이동설을 부활시킨 맨틀 대류론을 이미 이 책에서 다루고 있습니다.

3 1799년에 허튼에 의해서 발견된 유명한 부정합노두. 스코틀랜드 에든버러에서 멀지 않은 동부 Berwickshire 카운티 해안에 위치한다. Siccar Point는 전 세계 지질 학자들의 순례지가 된 곳이다(그림 14).

특히 104페이지에 실린 허턴의 시카포인트의 부정합사진을 보고 그후 언젠가는 이곳을 꼭 가보야 하겠다는 생각을 갖게 되었습니다.
1988년 8월 에든버러 축제가 한창인 여름에, 저자와 극지연구소 이종익 박사는 그동안 조사 연구해오던 우리나라 옥천층군 내의 빙하기원퇴적물로 추정되는 황강리층과의 대비조사를 위해서 스코틀랜드 서쪽에 있는 아이라이(Islay)섬에 분포하는 선캄브리아시대의 포트아스캐이그 틸라이트(Port Askaig Tillite)에 대한 야외지질조사를 하였습니다. 이 조사를 마치고 귀국 도중에 평생 그리던 그 유명한 시카포인트를 찾았습니다. 해변으로 가는 도로가 끝나는 주변에 창고가 널려 있어서 사무실을 찾아가 간단한 안내를 받은 후, 그곳을 지나 해안의 암초로 덮인 해식대의 연변을 따라가다 보니 단애 아래에 암석 노두가 보였습니다. 가파로운 경사면을 따라 노두가 있는 곳으로 내려가 보니 바로 그곳에서 지질학사상 유명한 허턴의 부정합 노두를 발견할 수 있었습니다.
8월 한여름인데도 시카포인트 바다는 짙은 남색을 띠고 해변은 세찬 바람이 불고 있는 황량한 풍경이었습니다. 휴대한 35mm 카메라로 시카포인트 해변풍경과 적색을 띤 암석 노두에 발달한 부정합을 여러 각도에서 촬영했습니다. 그림 14는 그때 촬영한 사진의 일부입니다. 1788년에 허턴 자신이 이곳에서 스스로 발견한 부정합 노두를 보고 지질학적인 시간에 대한 깊은 사색에 잠겨져 있었을 같은 자리에, 210년이 지난 지금 우리가 여기에 서 있다는 것이 이루 말 할 수 없이 감격스러웠습니다.
당시 허턴과 동행했던 플레이패어는 그들의 방문 기록에 「시간의 심연을 멀리 들여다보니 현기증이 나는 것 같았습니다」라고 적고 있는데 이로부터 「깊은 시간이라는 개념」이 등장하게 됐습니다. 그러나 우리나라 지질학자 가운데 누구도 유서 깊은 지질학의 순례지가 된 이곳을 찾은 흔적이 없어 보여서 그것이 못내 아쉬웠습니다.
시카포인트로 가는 길: 에딘버러에서 동쪽으로 40마일 떨어진 A1에서 가깝습니다. A1에서 A1107을 타고 Coldingham 방향으로 가세요. 좁은 Pease Dean Bridge를 건넌 후 우선으로 진입하면 왼쪽에 Pease Bay 표지판이 있습니다. 그럼 계속 직진해서 Pease Bay로 향하는 다음 좌회전을 무시하고 넓은 곳에 주차하고 도로 왼편 게이트 앞 대기 장소인 Drysdales 사이트로 이동합니다. 여기에 안내판이 2개 있는데, 절벽 꼭대기 길을 따라 Siccar Point로 가는 길이 표시되어 있습니다.
가장 가까운 화장실과 상점은 Cockburnspath 마을에 있습니다. https://edinburghgeolsoc.org/downloads/Siccar-Point-LBGC-leaflet.pdf)중의 Howto get to Siccar Point에서 인용).

그림 14. 허턴의 부정합으로 유명한 스코틀랜드 버윅샤이어의 해변에 발달한 시카포인트 (Siccar Point)의 노두
A _ 언덕위에서 내려다본 부정합 암석노두
B _ 수직에 가까운 급경사의 실루리아기의 그레이왁케 사암을 완경사의 데본기의 구적색사암이 부정합으로 덮고 있다. (저자 제공 1998. 8. 4. 촬영)

그리고 그 해 여름에는 스코틀랜드의 글라스고우(Glasgow) 북쪽의 글렌 틸트(Glen Tilt) 등에서 화강암의 암맥이 주변의 변성암을 관입(貫入)하

여 그 주변에 열변성 작용을 준 사실을 발견하고 이는 화강암이 마그마일 때 흘러 들어와서 주변의 암석을 관입해서 생긴 것이므로 화강암이 화성암설의 증거가 된다고 하였습니다(그림 15).

허턴이 말년인 1795년에 펴낸 두 권으로 된 대저 [4]「지구이론(The Theory of The Earth)」은 1778년에 그가 발표한 자연신학적 논문을 개정 보완하고 여기에 자신이 직접 관찰한 지질현상들을 기술하여 확대한 것이었습니다. 그런데 이 책은 분량이 매우 많을 뿐만 아니라 문장이 산만하고 난해하여 당시에는 그다지 많이 읽히지 않았다고 합니

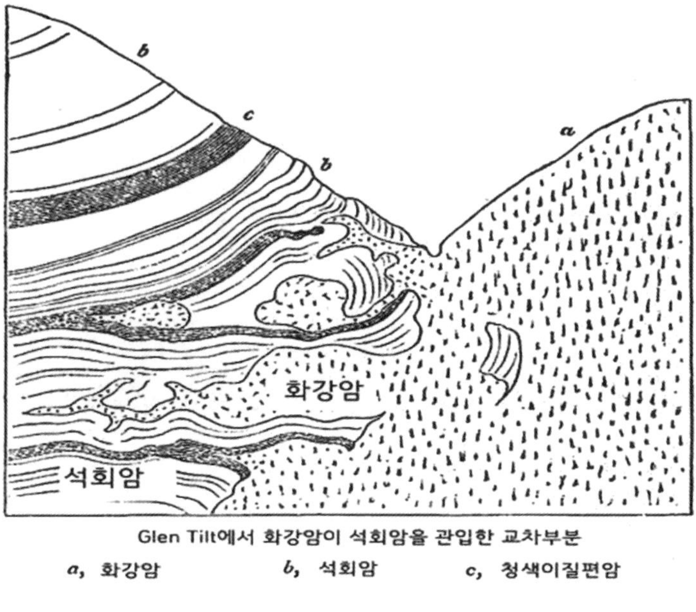

그림 15. 글렌 틸트의 화강암이 석회암을 관입한 모습
Chales Lyell Principles of Geology. 1830.
vol. III, p. 356의 Junction of granite and limestone in Glen Tilt의 그림을 수정.

4 Hutton, James. 1788. Theory of The Earth. Royal Society of Edinburgh.

다. 그러나 허턴이 사망한 후, 얼마되지 않은 1802년에 그의 친구였던 [5]플레이패어가 이 대작을 읽고「허턴의 지구이론의 해설」이라는 해설서를 펴냈는데, 이 책은 매우 이해하기 쉽게 잘 써졌기 때문에 이후의 사람들은 허턴의 원 저서를 읽지 않고 플레이페어의 해설서 만을 읽고 거기에 쓰여 있는 내용이 허턴의 설이라고 믿게 되었습니다. 그러나 플레이페어는 그의 해설서에서 다음 두 가지 점에 있어서 허턴의 설을 본질적으로 바꾸었습니다. 첫째는 허턴의 자연신학적인 색채를 거의 다 없앴으며, 둘째는 허턴의 정상적(定常的) 지구관의 표현을 약하게 하여 눈에 띄지 않게 하였습니다. 이와 같이 허턴의 설을 두 가지 점에서 바꾸었기 때문에, 그 후의 지질학자들이 플레이페어의 해설서를 읽고는 그 속에 담긴 설들이 허턴의 생각이나 주장인 것처럼 잘못 알게 되었던 것입니다. 이 사실은 1970년대 이후의 딘(1992) 등의 지질학사가들이 허턴의 저서와 플레이패어의 해설서를 면밀히 검토하여 새롭게 밝혀지게 되었습니다.

4-5. 수성론과 화성론의 논쟁 그리고 문호 괴테와 지질학

18세기 중반부터 19세기 초에 걸쳐서 유럽에서 일반 사람들이나 지질학분야에 있어서 큰 관심의 대상이 되었던 것은 암석성인론이었습니다.

5 Playfair, John. 1802. Illustrations of the Huttonian Theory of the Earth. ©1956. (원본출판 Edinburgh: [Neill & Co. for] Caddell and Davies; William Creech, 180.

남도이치는 13~16세기경 세계광산업의 중심지였으며, 특히 15~16세기에는 세계 은의 총생산량의 약 50%를 이 지역에서 생산하였습니다. 그러나 16세기까지 번성했던 광산업은 16세기 후반에 들어서면서 신대륙으로부터 대량의 금과 은이 유럽으로 들어오기 시작하자 이에 대항할 수 없어서 광산업은 급속히 쇠퇴하게 되었습니다. 그러나 18세기에 들어서자 도이치의 광산업은 다시 부활하게 되고 이를 계기로 1765년 남도이치 작센의 프라이베르그에 프라이베르그 광업아카데미(Bergakademie Freiberg)가 설립되었습니다.

앞에서 언급했듯이 1775년에 이 학교에 베르너(그림 12)가 교수로 초빙되어 광물학이나 암석학에 관한 정확한 기재를 가르쳤습니다. 베르너는 지구는 처음 원시해양에 의해서 덮여 있었으나 시간이 지남에 따라 해수면이 낮아져 오늘날의 육지가 나타나게 되었다고 생각하였습니다. 그리고 현재 지구상에 보이는 암석은 모두 그 바다 속에서 침전퇴적한 수성암(水成岩)이며 화산작용은 지하 깊은 곳에 있는 석탄층의 연소에 의해서 주변의 암석이 녹아서 그것이 분출되어 일어난 것이라고 하였습니다. 지구상의 모든 암석은 화학적 또는 기계적으로 침전한 수성암이라고 생각하였으며, 지구는 과거 그 전체가 바다에 둘러싸였던 적이 있었으므로 현재 지구상에 보이는 화강암을 비롯한 모든 암석은 그 바다 속에서 밑으로 침전해서 만들어진 수성암(水成岩)이라고 하였습니다. 따라서 베르너의 이 설을 수성론(Neputinism)이라고 하며 이설을 주장하는 사람을 수성론자(Neptunist)라고 부릅니다.

한편, 허턴(그림 13)은 지구상에는 수성암도 있지만 현무암이나 화강암과 같은 암석은 지하의 고온의 장소에 있는 마그마가 지표에 분출하거나 지하에 관입한 후 고결(固結)하여 만들어진 암석이라고 하였습니다. 또한 해저에 침전된 수성암은 지하의 열에 의해서 굳어졌다고 설명하였습니다.

허턴의 이론체계는 지하의 불(火) 또는 지하의 열작용에 그 기초를 두었습니다. 즉 퇴적물의 고화, 지층의 융기와 산의 형성 그리고 액상의 화강암이 지하에서 관입한 현상을 지하의 열의 작용에 의한 것으로 생각했습니다. 화강암의 기원이 불(火)에 있다는 생각에서 결정질 암석(화강암)의 기원을 물(水)의 작용으로 그 원인을 구한 수성설에 대비해서 화성론(Plutonism)이라고 하며 이를 주장하는 사람을 화성론자(Plutonist)라고 합니다.

허턴은 1788년 스코틀랜드의 글라스고 북쪽의 글렌 틸트에서 화강암의 암맥이 주변의 석회암과 변성암을 관입하여 그 주변에 열변성작용을 준 현상을 발견하고, 이는 화강암이 마그마일 때 흘러 들어와서 주변의 암석을 관입해서 생긴 것이므로 화강암이 화성암설의 증거가 된다고 주장했습니다(그림 15 참조).

주로 18세기 후반에 유럽에서 이 수성론과 화성론의 논쟁이 격렬하게 일어났는데, 유럽대륙에서는 학문에 관심 있는 많은 사람들이 베르너의 수성론적인 지질학에 매혹되었으며, 영국에서는 허턴을 위시한 사람들에 의해서 화성론적 지질학이 지지되었습니다. 이 논쟁은 처음에는 수성론이 우세했으나, 후에 베르너의 제자들까지도 화강암이 주위의 암석을 관입한 야외의 산출상태를 보고 점점 화성론으로 기울어지게 되어 1820년경에는 화성론의 승리가 확정되었습니다.

그러나 일부 유럽대륙의 학자들 예를 들면, 대 문호 괴테(Johan Wolfgang

von Goethe, 1749-1832)나 시인 노발리스(Novalis, 본명: Friedrichvon Hardenberg, 1772-1801)등은 세계의 학계에서 화성론의 승리가 결정되었는데도 베르너의 수성론에 매혹되어 이에 대한 애착을 버리지 못했습니다.

[6]괴테는 1775년 가을 바이마르공국에 추밀원참사관으로 영입되어 있던 시절과 1782년에서 1786년까지 재상으로 있던 11년 동안 바이마르공국을 위해서 침식을 잊어가며 공헌을 하였습니다. 괴테는 이 기간 동안 광업개발, 산업, 경제, 토목사업, 군사 등 모든 분야에 걸쳐서 관여하고 활약하였습니다. 괴테가 지질학 및 자연과학부문에 깊이 관심을 갖게 된 것도 이때부터 였습니다. 괴테가 바이마르공국에서 광업부문에 관여하게 된 것은 1776년 2월 공국의 칼 아우구스트(Karl August) 대공으로부터 일메나우(Ilmenau)광산을 부흥시키도록 개발을 의뢰받고 이 광산의 재개발에 나서게 되면서부터입니다

괴테는 이때부터 일메나우광산 주변의 지질조사를 하기 위한 필요성을 느끼게 되자 지질학과 광물학에 관한 관심이 더욱 깊어지게 되었습니다. 괴테는 일메나우광산 재개발 기념연설을 하는 등 광산에 관한 개발조사 보고서도 여러 편 썼습니다. 괴테의 유명한 시의 하나인「일메나우」는 이 광산을 개발할 때 겪었던 괴롭고 어려웠던 일들을 시로 엮은 것이라고 전해지고 있습니다.

그리고 그는 1780년 9월 6일 저녁 일메나우시의 남서쪽에 있는 키켈한(Kickelhahn)산에 있는 산장에서「나그네의 밤 노래(Wandrers Nachtlied)」의 두 번째 시를 지었는데, 이 시는 괴테의 많은 시 가운데 가장 유명

6 日本地質調査所 地質ニュース 第３４９．文豪ゲーテと地質 을 인용보완 함.

하여 많은 괴테 애호가들에 의해서 애창되고 있습니다.

괴테는 광산개발 실무로부터 시작하여 전문적인 지질학의 연구로 발전하게 되었고, 지질여행에서 관찰하고 기록한 자료들을 바탕으로 「화강암에 대하여(Über den Granite)」 외에 지질학 및 광물학에 관한 약 300여 편의 논문 및 수필이나 감상문을 썼습니다.

괴테의 일메나우광산 등의 개발에 진력하고 광물학에 공헌한 공적을 기념해서 1789년에 발견된 철의 수산화물인 광물에 대해서 그의 이름을 따서 괴타이트 (Goethite, 침철광, 針鐵鑛)라고 이름 붙여졌습니다.

괴테는 일메나우광산의 개발에 종사했던 1777년에는 하르츠(Hartz) 산지를 여행하고 몹시 추운 겨울에 해발 1,142m의 브로켄(Brocken)산에 올랐습니다. 그리고 이 지방의 화강암지대를 관찰하고 지질학이나 자연의 창조에 관한 근원인 여러 현상에 대해서 깊이 사색하게 되었고 1784년 1월 18일에 이 하르츠 지방의 지질여행에서 얻은 구상을 「화강암에 대해서(Über den Granite)」라는 제목으로 발표했습니다. 이때의 추억들은 대 희곡 「파우스트」 중의 「발푸르기스의 밤(Walpurgisnacht)」 등에 나타나 있습니다.

괴테는 열렬한 베르너의 수성론의 지지자였으며 그의 대 희곡 파우스트의 제2부 제2막의 「고전적 발푸르기스의 밤」에서 화성론자인 아낙사고라스와 수성론자인 틸레스와의 논쟁을 다룬 장면은 잘 알려진 얘기입니다. 또한 파우스트의 제4막의 「고산지대(高山地帶)」의 처음 장면에서의 메피스토펠레스와 파우스트의 논쟁 가운데, 화성론을 주장하는 메피스토펠레스가 파우스트를 향해서 「계곡이 산이 되고, 지하의 것이 지상으로 나타난다」라고 주장하자, 수성론자인 파우스트는

「산은 영원히 누워있고, 산봉우리는 봉우리로 계곡은 계곡으로 부동의 것이다」라고 반박하는 장면이 나오는데, 이것도 괴테의 수성론의 주장을 나타낸 것으로, 당시 학계가 화성론으로 기울어지고 있을 때도 화강암 등은 수중에 침전한 것이라고 주장했으며, 이 생각은 만년에 이르기까지 바뀌지 않았다고 합니다.

4-6. 격변설(Catastrophism)과 제일설(Uniformitarianism)

격변설(激變說)은 천변지이설(天變地異說)이라고도 하며, 프랑스의 박물학자이자 비교해부학의 대가이며 고생물학에도 커다란 공헌을 한 뀌비에(Baron Georges Léopold Chrétien Frédéric Dagobert Cuvier, 1769-1832, 그림 16)에 의해서 주장된 [7]학설로 19세기에 영국의 라이엘(Sir Chales Lyell)에 의서 체계화된 제일설에 상반된 설입니다.

그림 16. 조루주 뀌비에(Georges Cuvier).
Karl Alfred von Zittel, 1901, History of Geology and Paleontology에서 전재.

뀌비에와 브롱냐르(Alexandre Brongniart,

7 Cuvier, Georges. 1836. Discourse surles Revolutions de la Surface du Globe. 3rd Paris. (지구 표면의 혁명에 관한 연설)
Cuvier's Essay on the theory of the Earth. New York 1818.
J.C. Whitcomb and H.M. Morris. 2011. The Genesis Flood. P&R Publishing Co. p. 92-99.

1770-1847)는 파리분지의 제3기층의 층서와 그 속에 포함 되어있는 화석을 조사했습니다. 이 지층들이 담수성 동물의 화석을 포함하는 지층과 해양성 동물의 화석을 포함하는 지층이 교호(交互)되어 쌓여 있음을 알게 되어, 이들은 이를 근거로 이 지역은 과거에 여러 번 육지가 되기도 하고 해저가 되기도 했을 것이라고 생각했습니다.

퀴비에는 지층의 퇴적은 오랜 기간 동안에 걸쳐서 조용히 일어나지만 때때로 육지가 바다가 되고 바다가 다시 육지가 되는 변화가 갑자기 일어난다고 생각 하였습니다. 따라서 육지가 갑자기 바다가 되면 그 곳에 살고 있던 육상 동물은 죽고 그 후에 그 곳이 다시 육지가 되면, 다른 곳으로부터 다른 종류의 동물이 이동해 와서 서식하게 되었기 때문에 지층 중에 포함된 화석들이 변화하게 되었을 것이라고 생각했습니다.

즉, 퀴비에는 많은 화석생물을 연구한 결과 복수(複)지층에 있어서 여러 가지의 생물상이 있다는 것을 알게 됐습니다. 따라서 이는 노아의 홍수설에 대한 중요한 반증이 되었습니다. 그것은 성서에는 노아의 홍수는 단 한 번만 있었던 것으로 기술되어 있기 때문입니다. 그는 노아의 홍수 같은 천변지이적인 것은 몇 번이나 있었고, 그 때문에 생물이 사멸(死滅)한 적이 여러 번 있었다고 주장했습니다.

이것이 1776년과 1812년에 발표한 유명한 퀴비에의 「격변설(Theoty of Catastrophism)」입니다. 퀴비에가 주장한 격변설은 극히 보편적인 자연적인 변화에 따른 사건을 말했을 뿐이며, 그리스도교 적인 기적에 의한 천변지이적인 것을 가리키는 것은 아니었습니다. 퀴비에는 그리스도교 신자였지만 계몽사상의 영향을 많이 받은 사람으로 과학과 종교를 구분할 줄 아는 사람이었습니다.

격변론자로는 스위스 태생으로 빙하기를 발견한 빙하학자로 후에 미국 하버드대학 지질학 교수를 지낸 루이 아가시(Jean Louis Rodolphe Agassiz, 1807-1873), 그리고 잉글랜드에 있어서 처음 고생대의 지질계통을 확립시킨(2-3 영국에서의 고생대 층서학연구 참조) 영국의 지질학자 머치슨과 세지윅도 열렬한 격변론 지지자였습니다.

그런데 영국에서 베르너 밑에서 유학하여 열렬한 수성론자가 된 제임슨(Robert Jameson, 1774-1854)이라는 사람이 있었는데, 그는 스코틀랜드에 돌아와서 에든버러대학의 박물학교수가 되었으며 1808년에 베르너학회를 창설하였습니다. 그는 전통적인 유신론자로서 구약성서에 나오는 노아의 홍수를 지질학상의 큰 사건으로 보고 있었습니다. 그는 유학에서 돌아온 후, 뀌비에가 발표한 격변설에 관한 논문을 영어로 번역하여 출판했는데 재임슨은 이 논문의 제목 뿐 아니라 내용까지도 바꾸고 게다가 자기 나름대로의 긴 주석을 달아서, 뀌비에의 격변설에 나오는 많은 육상생물이 멸종한 것 가운데 가장 최후의 것이 곧 노아의 홍수에 해당한다고 설명하였습니다[8](Rudwick, 1976).

따라서 영국의 전통적 유신론자들은 이 제임슨의 잘못된 내용의 번역물을 읽고 노아의 홍수가 프랑스의 과학자인 뀌비에에 의해서 증명되었다고 좋아했을 뿐만 아니라 뀌비에도 노아의 홍수의 지지자로 생각하였습니다. 이렇듯 뀌비에의 지질학적 자연관은 제임슨에 의해서 왜곡되어 전해져 내려온 것입니다.

8 Rudwick, J. S. Martin. 1976. The Meaning of Fossils, The University of Chicago Press. p. 133.

4-7. 라이엘의 지질학과 제일설(Uniformitarianism)

제일설은 지질학의 아버지라고 불린 스코틀랜드 태생인 영국의 허턴에 의해서 18세기 말에 제창되고, 후에 [9]라이엘(Charles Lyell, 1797-1875, 그림 17)에 의해서 확립되었습니다. 라이엘은 허턴이 사망한 해인 1797년 11월 14일 스코틀랜드 포파샤이어(Forfarshire)의 키노디(Kinnordy)에서 상류 계급에 속하는 집안인 대지주의 10남매 중 맏아들로 태어났습니다.

그림 17. 찰스 라이엘
https://en.wikipedia.org/wiki/Chales_Lyell.

1813년 당시 옥스포드대학에서는 승려이며 후에 웨스트민스터사원의 사제장이 된 버클런드(William Buckland, 1784-1856)가 지질학을 가르치고 있었습니다. 그는 성서에 쓰여 있는 사건 모두를 지질학적인 사실로 인정하고 노아의 홍수를 세계적 규모의 홍수였다고 하였으며, 노아의 홍수 때 만들어진 퇴적물이나 그 이전에 살았던 생물에 관해서 활기 있고 흥미 있게 강의를 하여 인기가 높아서, [10]라이엘은 버클랜드의 강의를 듣고 지질학에 큰 관심을 갖게 되었으나, 반면 버클랜드의 홍수설과 그와 관련된 지질학에 대해서 집

9 Wilson, Leonard. Charles Lyell. 1972. New Haven and London, Yale University Press.

10 Fenton C. L. and M.A. Fenton. Giants of Geology, 1952. P. 91-103,

요한 반대운동을 하였습니다(Rudwick, Martin J.S., 1972, Meaning of Fossils, p. 175). 그리고 1819년에 런던지질학회에 가입했습니다. 그러나 그의 부친은 라이엘에게 변호사가 되기를 권유했기 때문에 변호사 수업을 하여 변호사 자격을 취득하였으나 1827년에 변호사업을 그만두고 지질학에 전념하였습니다.

라이엘은 1831년에서 1833년 동안 런던의 킹스대학(King's College)의 지질학교수로 재직하였으며, 그는 격변설의 반대 입장에서, 지구상에 나타나는 여러 가지 자연현상이 장기간에 걸쳐 느리게 일어난 변화가 쌓인 결과라는 제일설을 바탕으로 매우 참신하고 흥미롭게 강의를 했기 때문에 당시 런던시내에서는 그의 강의가 명강의라는 평판이 자자하였었습니다. 그러자 이 소문을 들은 대학 밖의 화려하게 차려 입은 귀부인들까지 라이엘의 강의를 들으러 학교로 몰려와서 소란을 피우게 되었습니다. 대학당국은 급기야 귀부인들의 출석을 금지시켰고 이에 라이엘은 학문의 자유를 억압한다고 반발하여 학교를 사직하기에 이르렀습니다.[11]

라이엘은 그 후에는 이렇다 할 직업을 갖지 않았으며 나머지 생애를 런던에서 지내면서 때로는 지질관찰을 위해 영국을 비롯하여 유럽 여러 나라를 여행하였습니다. 1830년에서 1833년에 걸쳐 유명한 [12]「지질학원리(PRINCIPLES OF GEOLOGY)」의 저술과 개정에 전념하면서 제일설에 기초하여 지질학을 재편성하고자 노력하였습니다. 1846년에 나이트작(Knight爵) 그리고 1864년에 준남작(準男爵)칭호를 받은 그는

11 都城秋 . 2009. 地球科学の歴史と現状状. P. 5. 東信堂.
12 Lyell Charles. 1830. Principles of Geology. ©1990. The University of Chicago Press.

1875년 2월 22일에 사망하여 웨스트민스터사원에 있는 위대한 과학자 묘지에 안장되었습니다(읽을거리 5 참조).

읽을거리 5: 라이엘의 비문

라이엘의 바닥 묘석에는 다음과 같은 비문이 새겨져 있습니다.

"CHARLES LYELL BARONET F.R.S. AUTHOR OF "THE PRINCIPLES OF GEOLOGY" BORN AT KINNORDY IN FORFARSHIRE NOVEMBER 14 1797 DIED IN LONDON FEBRUARY 22 1875. THROUGHOUT A LONG AND LABORIOUS LIFE HE SOUGHT THE MEANS OF DECIPHERING THE FRAGMENTARY RECORDS OF THE EARTH'S HISTORY IN THE PATIENT INVESTIGATION OF THE PRESENT ORDER OF NATURE ENLARGING THE BOUNDARIES OF KNOWLEDGE AND LEAVING ON SCIENTIFIC THOUGHT AN ENDURING INFLUENCE. "O LORD HOW GREAT ARE THY WORKS AND THY THOUGHTS ARE VERY DEEP" PSALM XCII.5".

찰스 라이엘 바론 F.R.S. "지질학원리"의 저자는 1864년 2월 22일에 포파샤이어의 키노디에서 태어났고 1762년 2월 22일 런던에서 사망했습니다. 그는 오랜 각고(刻苦)의 생애 동안에 자연의 현상을 해명하기 위한 어려운 힘든 조사를 통해서 지구 역사의 단편적인 기록을 해독하고 지식의 기초를 넓혀서 과학에 다대한 공적을 남겼습니다. 여호와여 얼마나 위대한 일을 하고 있으신 지. "시편 5편"

제일설에 입각해서 이를 지질학의 기초원리로 체계화하고 지질현상을 통일적으로 설명하여 현대 지질학의 기초를 이룩했다고 평가받은 라이엘은 영국에서 성서지질학을 붕괴시키는데 공헌한 사람이었습니다. 라이렐은 대지주이자 보수적인 사람이었으나 사상적으로는 이신론자로서 지질학을 신학으로부터 분리하고자 하였습니다.

라이엘이 젊었던 시절에는 영국의 지질학자 사이에는 제일설의 경향의 사람과 이에 반대하는 사람들이 있었습니다. 라이엘은 아버지의 장서(藏書)중에 있는 베이크웰(R. Bakewell)이 쓴「지질학입문(1815)」이라는 책을 읽었는데, 이것은 라이엘이 처음 접한 지질학 서적이었으며 제일설 경향의 책이었습니다. 라이엘의 주장을 제일설(Uniformitarianism)이라고 하고 이에 반대되는 설을 격변설(Catastrophism)이라고 한 것은, 1833년에 과학철학자 휴웰(W. Whewell, 1794-1866)이 시작한 것으로 알려져 있습니다.

근년에 와서 [13]굴드, [14]러드윅 그리고 [15]딘 등이 라이엘의「지질학원리」를 정밀하게 읽고 분석하여 라이엘이 무엇을 주장하고 있는가를 검토했습니다. 그 결과 라이엘이 주장한 제일설의 일부는 지질학의 기본원리로 받아들여질 수 없다고 하였습니다. 이들에 의해서, 라이엘이 주장한 제일설에는 다음의 세 가지의 독립된 개념이 포함되어 있음이 밝혀졌습니다.

첫 번째는, 현재 지구상에서 진행 중인 변화과정을 연구함으로써 과거 지구상에서 일어났던 사건들을 이해할 수 있다는 개념으로, 지질학을 연구하는 방법 중의 하나의 개념입니다.

두 번째는, 속도의 제일설 및 점진설로, 과거에 지구상에서 일어났던 지질학적 과정의 속도는 현재 지구상에서 보이는 것과 거의 같은 종류의 과정의 속도이며 그 지질학적 과정은 언제나 천천히 점진적으

---

13 Gould, Stephen Jay. 1965. Is uniformitarianism necessary? American Journal of Science. 263. (3) 223-228.
-1987. Time's Arrow Time's Cycle. Harvard University Press.
-1977. Ever Since Darwin. W.W. Norton & Company.

14 Rudwick, Martin J. S. The Meaning of Fossils. The University of Chicago Press. 1976.

15 Dean, Dennis R. 1992. James Hutton and The History of Geology. Cornell University press.

로 일어난다는 주장입니다. 이것은 현재 지구상에 나타나고 있는 큰 변화라 할지라도 그것은 과거 긴 오랜 시간에 걸쳐서 서서히 일어난 변화가 쌓여서 이루어진 것이라는 주장입니다. 프랑스의 뀌비에는 과거의 지질시대의 해륙의 변화는 짧은 시간에 갑자기 일어났던 적이 있었다고 생각했습니다. 이것이 뀌비에의 격변설로 라이엘의 점진설에 대한 반대였습니다.

라이엘이 제일설을 주장했을 때 거대한 계곡들이 정말로 그 밑을 흐르는 물에 의해서 장구한 기간 동안의 침식에 의해서 만들어진 것일까? 하고 의심을 품는 사람들이 있었습니다. 대륙지역의 여러 곳에 빙하의 침식에 의해서 짧은 기간에 만들어진 빙식(氷蝕) 계곡이 존재한다는 사실, 화산활동이나 지진은 돌연히 일어나고 이에 수반되어 엄청난 변화를 일으킨다는 사실, 그리고 중생대 말인 백악기의 끝을 맺게 한 당시 살고 있던 생물들을 대량 멸종시킨 대운석의 충돌에 의한 사건 등은 라이엘이 주장한 속도의 제일설 및 점진성으로는 설명이 불가능한 것이었습니다.

오늘날의 지질학에서는 지구상에 일어나는 변화는, 라이엘이 주장한 속도의 제일설과 점진성 만으로는 설명이 안 되며, 때로는 격변적으로 일어나는 사건에 의해서도 큰 변화를 일으킨다는 양면성으로 설명합니다. 즉 파괴적인 지진은 지하에 오랜 기간 동안 에너지가 축적되는 과정에서 변형력이 커져서 지각의 응력이 이를 견디지 못하게 되면 지각의 일부가 순식간에 파괴되어 지진이 발생하게 됩니다. 즉, 지진에 의해서 지각은 격변적으로 파괴되어 단층 등을 형성하지만 지진이 발생하기 위해서는 지하에서 오랜 기간 동안 서서히 에너지의 축적이 이루어져야 합니다.

그리고 위의 두 주장 외에, 라이엘은 다음과 같은 지구관을 가지고 있었음이 근년에 새롭게 밝혀졌는데, 이를 정상적지구관(正常的地球觀)이라고 합니다. 과거의 지질시대에 있어서 육지가 바다가 되고 또한 바다가 육지가 되기도 하고 또한 여러 지역에서 화산활동이나 지진이 일어났었다. 그러나 지구상에 과거에 이러한 변화가 일어났음에도 불구하고 지구 전체로 보면 어느 시대에도 바다와 육지가 있었으며 화산활동이나 지진은 지구상의 거의 같은 면적에서 일어났다. 즉 지구상에는 어느 지질시대에도 본질적으로 같은 상태였다. 지질시대가 지남에 따라 육지의 비율이 증가한다 거나 지구 전체로 볼 때 화산활동이나 지진활동이 약해진다든가 하는 일정한 방향으로의 역사적인 지구상태의 변화는 일어나지 않는다는 주장입니다.

창조과학에서는 지질학자들이 지구의 역사 속에서 일어난 모든 변화는 매우 작은 변화가 시간이 흐름에 따라 서서히 누적되어, 결과적으로 큰 변화를 일으키게 했다는 라이엘의 두 번째의 개념의 일부는 이미 오래전에 파기했다는 사실에 대해서는 전혀 언급을 하지 않고 있습니다. 뿐만 아니라 지질학에 있어서 속도의 제일설 및 점진성의 제일설만이 지구의 역사를 해명하는 유일한 방법이라고 주장하고 있다고 잘 못 이해하고 있습니다.

결론적으로, 현대 지질학은 지구의 역사를 밝히는데 있어서 뀌비에나 아가시의 과학적 격변설과 라이엘의 첫 번째 설인 제일설과 두 번째 설의 일부를 동등하게 적용하고 있습니다. 따라서 창조자론자들은 이러한 사실을 주지하기 바랍니다.

4-8. 다윈과 지질학

찰스 다윈(Sir Charles Robert Darwin, 1809-1882)은 일반적으로 생물학자로만 알려져 있지만, 다윈의 노트북(Notebook M 1838) 에는「상상의 즐거움…, 나는 지질학자로서 바다로 덮인 땅, 이전의 동물, 땅 표면에 서서히 균열을 일으키는 힘 등에 대해서 실로 시적인 개념을 갖고 있습니다. (Pleasure of imagination…. I a geologist have illdefined notion of land covered with ocean, former animals, slow force cracking surface &c truly poetical)」라고 쓰여 있듯이 자신을 지질학자라고 언급하고 있습니다. 다윈은 1809년 2월 12일에 잉글랜드 웨스트 미들랜드(West Midlands)의 슈르즈버리(Shrewsbury)에서 태어났습니다.

[16]산드라 허버트(Sandra Herbert, 2005)는 다윈의 연구자로 다윈은 젊은 과학자로서의 커다란 야심은「지구의 지각의 운동에 근거하여 "단순한" 지질학을 창조하는데 있었다」고 밝히고 있습니다. 허버트는 켐브리지대학에 있는 다윈의 관련자료 모두를 열람했는데, 그의 책에는 다윈이 사용한 해머와 야장(field note) 그리고 암석박편표본의 사진 등이 실려 있어서 지질학자로서의 모습이 엿보입니다.

다윈이 태어난 슈루즈버리(Shrewsbury)는 여러 지질시대의 매우 다양한 암석과 지층이 부근에 분포하고 있어서 오래전부터 지질학의 연구도 많이 이루어지고 있었습니다. 또한 슈르즈버리는 빙하가 운반한

16 Herbert Sandra. 2005. Charles Darwin, Geologist. Cornel University Press.

빙하력(氷河礫, glacial erratic boulder)인 종석(bell stone)으로도 유명합니다. 다윈은 1876년 5월부터 8월 사이에 쓴 121페이지에 달하는 그의 자서전(The Autography of Charles Darwin)에서 어릴 때부터 조개껍질이나 광물을 수집하기를 좋아하고 또한 슈로프셔(Shropshire)의 동네사람으로부터 종석의 유래를 듣고 지질학을 학문적으로 볼 수 있는 소양을 지니게 되었다고 쓰고 있습니다.

제일설을 체계화하여 근대 지질학의 기초원리를 체계화하는데 공헌한 라이엘은 다윈의 친구로서 오랫동안 교류했으며 진화론의 착상에도 많은 도움을 주었습니다. 다윈은 캠브리지대학에서 지질학 교수이며 목사인 세지윅(그림 6)으로로부터 지질학 훈련을 받아서, 지질학에 대한 이해도가 매우 깊어 지질학자들도 그에 대해 경의를 표했다고 합니다. 젊은 다윈은 비글(Beagle)호 항해 때에 라이엘의 「지질학원리 제1권」을 지참하여 탐독했다고 합니다.

굴드의 저서 [17]다윈 이래(Ever Since Darwin, 1977, 각주 39 참조)의 제1부 2장에 「군함 비글호(H.M.S. Beagle, H.M.S. His(or Her) Majesty's Ship/Submarine, 영국해군 군함에 붙이는 접두어)에 박물학자로서 승선했던 사람은 누구인가?」라고 물으면 대부분의 생물학자는 「찰스 다윈」이라고 답할 것이다. 그러나 이 답은 틀렸다고 지적하고 있습니다. 다윈이 비글호에 승선했던 것은 사실이고 박물학의 연구에 정열을 쏟았던 것도 사실이나, 그가 비글호에 승선하게 된 것은 다른 목적이었으며, 본래는 비글호의 담당 의사인 맥코믹(Robert McKormick)이 박물학자 로서의 공식 포스트에 올

17 Gould, Stephen Jay. 1977. Ever Since Darwin W. W. Norton & Company.

랐었다고 말하고 있습니다.

위의 증거로는 인류학자인 굴버(J. W. Gulber, 1969)는「비글호의 박물학자는 누구였는가?」라는 논문에서 에든버러대학의 박물학자인 제임슨이 비글호의 박물학자에 보낸 편지의 수취인은 다윈이 아니고 맥코믹임을 밝히고 있습니다. 또한 과학사가인 버스틴(H. L. Burstyn, 1975)은「만일 다윈이 비글호의 박물학자가 아니었다고 하면, 왜 그가 승선하고 있었는가」에서 그 해답을 얻고자 했습니다.

영국해군의 전통에 함장은 그의 지휘 하에 있는 승무원과 개인적인 접촉이 금지되어 있었고, 함장은 식사도 혼자서 해야 한다는 규정이 있었다고 합니다. 그래서 다윈은 5년이라는 긴 항해기간 동안 혼자 외롭게 지내야 하는 피츠로이(Robert Fitzroy) 함장과 대화도 나누고 식사도 같이할 상대역으로 비글호에 승선하게 됐다고 합니다. 다윈은 비글호로 항해 중 주로 남아메리카의 지질을 조사하고 큰 지진도 만나서 안데스산맥의 형성과정에 대해서도 여러 가지로 생각 했습니다. 다윈은 비글호 항해 이후에는 런던지질학회를 무대로 활약했으며 1829년에는 런던지질학회 최고의 상인 월라스톤 메달(Wallaston Medal)을 수상하기도 했습니다. 다윈은 지질학자로서 경험한「퇴적과 침식작용에는 장구한 시간의 흐름」이 필요한 것처럼 생물이 선택되고 진화하는 데에도 긴 시간이 필요하다고 생각했습니다. 이와 같이 다윈은 지질학자로서도 활약했으나, 그의 나이 서른 세 살 때 이루어진 웨일즈지방에서의 지질조사가 그 마지막이 되었습니다.

4-9. 대륙이동설의 부활과 플레이트 텍토닉스(Plate Tectonics)의 성립

4-9-1. 대륙이동설의 부활

도이치 기상학자이며 지구물리학자인 베게너(Alfred Lothar Wegener, 1880-1930, 그림 18)는 처음 세계지도를 보고 대서양을 사이에 둔 남아메리카 대륙의 동해안과 아프리카 대륙의 서해안의 해안선이 매우 닮은 데에 착안하여, 옛날에는 두 대륙이 원래는 하나가 아니었든가 하고 생각하게 되었습니다.

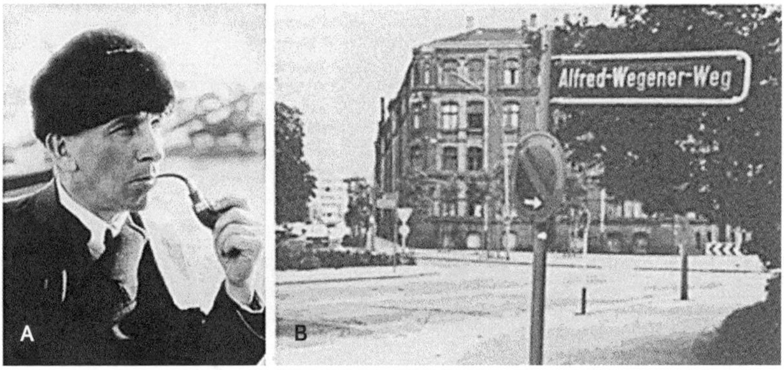

그림 18. 알프레드 베게너(Alfred L. Wegener).
A _ Martin Schwartbach, Alfred Wegener. 1986.p. ix의 사진을 전재. 베게너는 제3차 그린랜드 탐험 때인 1930년 11월 1일 50세의 생일 날 아침 간단한 생일파티를 가진 후 썰매를 타고 탐험을 떠난 뒤 돌아오지 않음. 그 이듬해에 프랑스 탐험대에 의해서 조난된 시체가 발견됨.
B _ 위대한 베게너를 기리기 위해서 새롭게 이름 붙여진 함부르그의 베게너 거리.

베게너는 지질학이나 고생물학의 문헌을 샅샅이 뒤져서 공부한 결과 남미대륙과 아프리카대륙이 하나의 대륙이었다고 가정하면, 그때까지 설명되지 않았던 지질학이나 고생물학의 문제들이 잘 설명된다는 사실을 알게 되어 1912년에 [18]「대륙과 해양의 기원」이라는 책을 발간했습니다.

베게너는 대서양을 사이에 두고 서유럽과 북아메리카 동부에 정원 달팽이(가든 스네일, Garden Snail)나 지렁이 등 바다를 건널 수 없는 생물들이 멀리 떨어진 대륙에 분포하고 있는 사실, 백악기 이전의 지질구조가 매우 닮은 점, 인도나 아프리카의 지층에서 빙하의 흔적이 발견되며 북반구에서는 열대지방의 생물화석이 발견되는 사실, 그리고 각 대륙이나 지층의 자기방향이 미묘하게 어긋나 있는 점 등으로부터 대륙이동설을 주장했습니다.

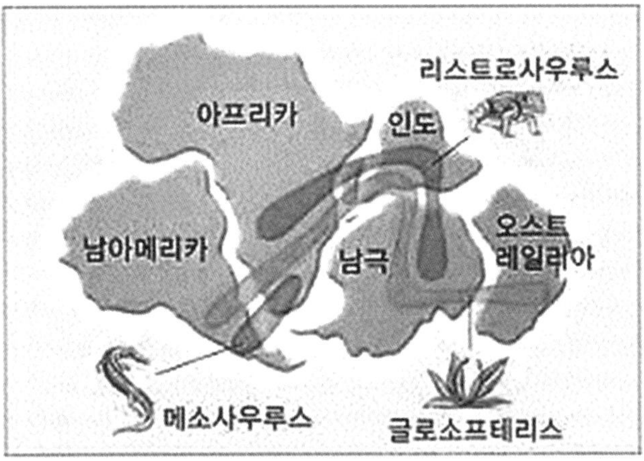

그림 19. 대륙을 복원했을 때의 생물 · 지질구조 등의 연결성.
https://www.nationalgeographic.org/encyclopedia/continental-drift/보완.

18 Wegener, Alfred. 1929. The Origin of Continents and Oceans © 1990 Dover Publications Inc.

이외에 그림 19에서 보는 바와 같이 대륙이 하나로 합체 되어있다는 증거들로는 고생대후기부터 중생대초기에 곤드와나 대륙에 번성하였던 식물군인 글로쏘프테리스(Glossopteris), 페름기 초기에 남아프리카와 남아메리카에 서식한 도마뱀의 일종인 메소사우루스(Mesosaurus) 그리고 고생대 페름기 후기부터 중생대 트라이아스기 전기 사이에 살았던 대형 단궁류(單弓類, Synapsid)인 리스트로사우루스(Lystrosaurus)등의 분포대가 잘 일치한다는 점 등입니다.

그러나 당시 이러한 주장에 대해서 많은 지질학자와 지구물리학자들로부터 맹렬한 반대 의견이 나왔습니다. 지금 보면 말도 안 되는 이야기이지만, 옛날에는 대서양을 연결하는 육교(陸橋)가 있어서 달팽이나 동식물들이 건너갈 수 있었다 거나 아틀란티스(Atlantis) 대륙이 있었다는 등 주장들로 대륙이동설을 격렬히 반박했습니다.

가장 핵심은 대륙을 이동시킬 수 있는 원동력은 무엇인가 였습니다. 특히 영국의 저명한 수학자이며 지구물리학자인 제프리 경(Sir Harold Jeffreys, 1891 - 1989)은 대륙이동을 일으킬 원동력을 설명할 수 없다고 선봉에 나서서 맹렬히 부정하고 반대했습니다.

이러한 연유로, 「대륙이동설(Continental Drift)」은 대륙이동의 원동력에 대한 구체적인 해명이 이루어지지 않은 체 사멸하게 되었습니다. 이후, 대륙이동설을 지지하는 소수 학자의 한사람인 아서 홈즈(그림 20)는 1928년에 스코틀랜드의 글라스고(Glasgow)에서 열린 지질학회에서 대륙이동의 원동력은 맨틀내의 열대류에 의해서 설명된다는「맨틀대류설」을 내 놓았습니다. 1960년대 들어와서 이 맨틀대류설이 베게너의 대륙이동설의 극적인 부활로 이어지고, 이어서 지구과학에 과학혁명을 일으킨 플레이트 텍토닉스가 성립하게 됩니다.

4-9-2. 플레이트 텍토닉스의 성립

아서 홈즈에 의한「맨틀대류론」은 그 후, 1963년에 캐나다의 지질학자이며 지구물리학자인 윌슨(John Tuzo Wilson, 1908-1993)에 의해서 해양저확장설로 발전된 논문이 발표되고 거의 동시기에 미국의 지질학자인 [19]헤리 헤스(Harry Hammond Hess 1906 - 1969)와 [20]로버트 디츠(Robert Sinclair Dietz, 1914-1995)에 의해서 해양저확장설이 발표됩니다.

플레이트 텍토닉스는 지구상에 일어나는 여러 현상은 지구의 전표면을 덮고 있는 십여 매의 두께 수 km 내지는 수십 km의 플레이트(지각암반)의 운동에 그 원동력이 있다는 생각입니다. 플레이트 텍토닉스에 따르면 상부맨틀 최상부의 약 100km에서 200km 두께의 층은 암석구성입자 사이에 일부 액체가 녹아 있어서 연약권(Asthenosphere)을 만들고 있고, 플레이트는 그 위에 얹혀 있어서 맨틀내 대류에 의해서 플레이트들이 이동하고 있습니다.

그리고 해양저에 발달한 중앙해령계는 맨틀대류가 솟아나오는 곳에 해당되고 이곳에서 새로이 해양지각(현무암)이 만들어지며, 해양지각은 연약권 위에 얹혀서 맨틀대류에 의해서 중앙해령 양측으로 마치 컨베이어 벨트처럼 해저는 확장해 나갑니다. 해양플레이트가 대륙

19 Hess, Harry H. *1960. "Nature of great oceanic ridges". Preprints of the 1st International Oceanographic Congress (New York, August 31-September 12, 1959). Washington: American Association for the Advancement of Science. (A). pp. 33-34.*

20 Dietz, Robert S. 1961. Continent and Ocean Basin Evolution by Spreading of the Sea Floor. *Nature* 190: 854-516.

밑으로 비스듬히 침강하는 경계부에는 해구가 형성되고 대륙 쪽으로는 호상열도(예: 일본열도)나 해안산맥과 화산(예: 세인트 헬렌스화산)등이 생겨납니다. 한편 대륙 플레이트끼리 충돌하는 경계부에서는 비중이 서로 비슷하기 때문에 밀어붙여서 히말라야산맥과 같은 대습곡산맥을 형성합니다(그림 20).

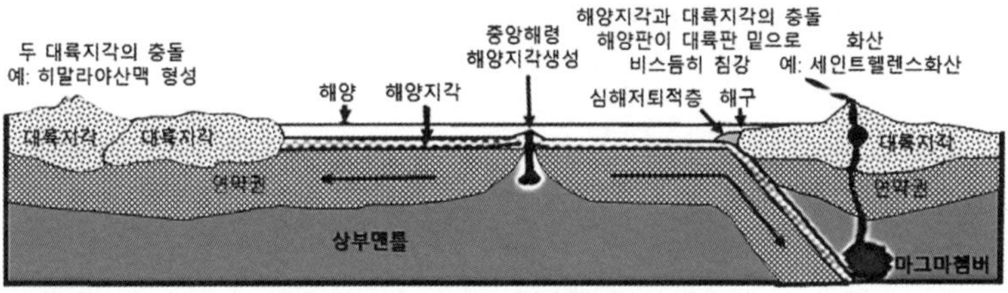

그림 20. 플레이트 텍토닉스를 설명한 단면모식도.
https://opentextbc.ca/geology/chap ter/7-3-plate-tectonics-and-metamorphism/를 수정보완.

플레이트 텍토닉스란, 지금까지 설명한바와 같이 지구표층부를 구성하고 있는 십여 매의 플레이트들이 맨틀의 대류에 의해서 각각 다른 방향으로 연간 수cm의 속도로 이동하고 있다는 이론입니다. 따라서 각각의 플레이트의 경계에서는 서로 떨어져 나가기도 하고 서로 부딪치기도 하며 서로 어긋나기도 합니다. 플레이트 텍토닉스는 플레이트의 경계부에서 일어나는 여러 가지의 변동에 의해서 일어나는 지진의 발생, 화산작용 그리고 대산맥의 형성 등의 지구과학적 현상을 통일적으로 설명하는 이론입니다(그림 21).

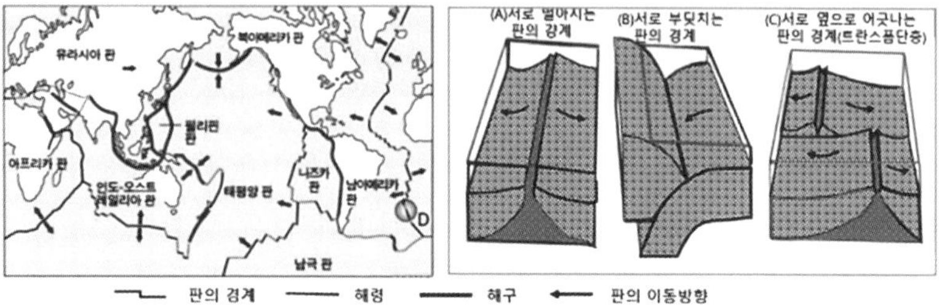

그림 21. 지구 표층부를 구성하는 플레이트의 분포와 3 종류의 플레이트 경계.
https://www.scienceall.com/%ED%8C%90%EA%B5%AC%EC%A1%B0%EB%A1%A0plate-tectonics/의 그림을 수정보완.

제5장

지구의 연령

현대지질학의 창조과학 비판

제5장

지구의 연령

그리스도교에서는 성서에 기록된 연대기로부터, 약 6000년의 아담 창조 전의 6일에 천지가 창조됐다는 특수창조설과 약 4300년 전의 노아의 홍수설로부터 지구의 나이를 약 6000년이라고 주장하고 있습니다. 그러나 지질학자들은 지구는 이보다 100만 배나 오래된 행성으로 그 나이는 약 46억 년이라고 믿고 있습니다.

지구의 연령에 대해서 고대의 신화에서는 이 세계는 생(生)과 사(死)가 반복되고 지구도 여러 번 다시 태어난다는 생각이 보편적이었으며, 인도에서는 약 90억 년마다 지구가 다시 태어난다고 생각되고 있었습니다. 고대 그리스의 헬레니즘철학의 한 파인 스토아(Stoics)파도 세계는 얼마 지나지 않아 멸망하고 다시 생겨난다고 하였으며, 아리스토텔레스는 세계는 멸망하지 않고 영원히 계속된다고 생각했습니다.

그런데 유독 그리스도교의 세계에서 만은 천지창조로부터 아담과 이브의 탄생 그리고 종말론적인 세계관인 「최후의 심판」에 이르기까지 반복되지 않는 직선적인 역사가 이야기되고 있습니다. 고대도시 안티오키아(Antioch)의 총대주교(169-182)였던 테오필루스(Theophilus)는 169년에 구약성서의 창세기의 기술을 근거로 지구의 연령을 계산하여 지구가 기원전 5529년에 태어났다고 하였습니다.

또한 아후리카누스(Julius Africanus, 160-240)는 그리스도의 탄생을 천지창조의 해로부터 5500년 뒤라고 하고 현재의 지구는 그로부터 500년이 지났다고 계산했습니다. 이 후에도 성서로부터 지구의 연령을 알아내려는 일은 계속됐지만, 6000년 미만인 것이 대부분이었습니다. 그것은 당시 「최후의 심판」은 천지창조로부터 6000년 후에 일어난다고 믿었기 때문에 지구의 연령을 그보다 더 오래 되었다고 말 할 수 없었기 때문입니다.

영국의 박물학자이자 창조론자인 고시(Philip Henry Gosse, 1810-1888)는 지질학을 잘 이해하고 있어서 지구의 연령이 성서의 기술보다 훨씬 길다고 인식하고 있었습니다. 그러나 그는 창조론자이기도 했기 때문에 성서의 기술은 옳은 것이라고 생각했습니다. 이러한 모순에 대해서 고시 이전에도 성서의 기술은 비유적(比喩的)인 것이며 6일에 천지가 창조된 것은 아니고 실은 훨씬 긴 기간이었을 거라는 장기설(長期說) 등도 있었습니다.

고시는 사교(司教) 어셔(James Ussher, 1581-1656)의 지구가 기원전 4004년에 6일 동안에 창조됐다는 설과 지질학적 연대의 모순을 해결하기 위해서 1857년에 옴팔로스(Omphalos)라는 창조론의 가설을 공표했는데, 고시는 여기서 「지구는 모든 것이 처음부터 완전한 상태였으나 그 것은 창조주가 의도적으로 오래된 낡은 것처럼 보이게 만들었다고 생각하면 모든 모순이 해결될 것이다」라는 설을 내 놓았습니다. 그러나 당시에 이설은 무신론자뿐만 아니라 창조론자들로부터도 공격을 받았습니다.

하버드대학 지질학교수로 생물진화론과 과학사연구자인 [1]굴드(1977)는 「성서에서 지구의 연령이 6000년이라고 하는 것은, 지구의 장구한 시기에 걸친 지질의 기록을 6000년이라는 그러한 짧은 시간 안에 억지로 끼어 넣기 위해서 격변설을 필요로 했던 것이다. 그러나 격변설이라는 신앙을 믿는다고 해서 지구의 연령이 6000년이 될 수는 없는 것이며, 지구의 연령은 45억년이어도 좋고, 혹은 1000억 년이라고 하여도 좋다」고 말하고 있습니다.

즉, 장구한 지질시대를 통해서 지구상에 격변적인 사건은 한 번 일어날 수도 있고 또한 여러 번 일어나 지구의 모습을 변하게 할 수도 있는데, 지구의 현재 모습이 노아의 홍수의 단 한 번의 대격변적 사건에 의해서만 만들어졌다는 생각은 과학적 논리라고 할 수 없습니다. 장구한 지질역사상 지구상에는 제일설 또는 제일설에서 설명하는 것과 같은 점진적인 변화 뿐만 아니라 격변적인 변화도 헤아릴 수 없을 정도의 높은 빈도로 일어났었다는 지질학적 증거와 기록들이 남아 있습니다.

오늘날 지구의 연령에 관해서는 진화론에서 주장하는 46억 년과 창

1 Gould, Stephen J..1977. Ever since Darwin. W.W. Norton& Company.

조과학에서 말하고 있는 6천 년이라는 두 견해가 첨예하게 대립되고 있습니다. 그것은 진화론에서 주장하는 지구의 나이는 과학적인 실험에 의해서 측정된 연대이며 이에 반해서 창조과학에서의 나이는 성서에 쓰인 연대를 말하기 때문입니다.

5-1. 아서 홈즈의 지구연대

그림 22. 아서 홈즈 (Arthur Holmes) https://www.geologyglasgow.org.uk/archive/arthurholmes/

지구과학의 진보와 지구의 연대측정에 있어서 많은 공헌을 한 사람은 에든버러 대학의 아서 홈즈(Arthur Holmes, 1980-1965, 그림 22) 교수였습니다.

홈즈가 학생 시절에, 그라스고우(Glasgow)대학의 저명한 물리학자로 켈빈 경으로 알려진 윌리엄 톰슨(William Thomson, 1824-1907)이 용융체인 구체로 탄생한 지구가 서서히 냉각하여 현재의 지구와 같은 지하온도의 상승율이 되기까지 걸린 시간을 계산하여 4000만 년이라는 답을 냈습니다.

그리고 당시 영국의 지질학은 산업혁명과 함께 발전해 왔는데, 지질학자들은 모든 지질시대의 지층의 두께를 측정하고, 그것을 현재 하구에서 진흙이나 모래가 퇴적하는 속도로 나누어서 대략 5000만 년에서 1억 년이라는 연령을 얻었습니다. 따라서 이 나이는 성서에 나오는 6000년이라는 나이 보다 1만 내지는 2만배나 더 길었던 것입니다.

1886년과 1898년에 베크렐(Antoine Henri Becqerel, 1852-1908)과 퀴리부인(Maria Skłodowska-Curie, 1867-1934)에 의해서 각각 방사성원소가 발견되었습니다. 이 위대한 방사성원소의 발견은 켈빈 경이 생각했던 것과 같은 용융체의 구체가 식어서 현재의 지구가 되었다는 생각을 근본적으로 바꾸게 했습니다. 즉 지구는 식어만 가는 것이 아니고 방사성원소의 붕괴에 의해서 더워져 가는 지구라고 생각하게 되었습니다.

5-2. 방사성연대는 어떻게 측정하는가?

원자번호가 같고 질량수(중성자수)가 다른 원자를 서로 동위원소(Isotope) 또는 동위체(同位体)라고 합니다. 예를 들면, 원자번호 92인 우라늄(U)에는 [2]질량수가 각각 다른 질량수 ^{234}U, 질량수 ^{235}U 그리고 질량수 ^{238}U가 있습니다. 또한 원자번호 6인 탄소(C)에는 질량수 12의 ^{12}C, 질량수 13의 ^{13}C, 그리고 질량수 14의 ^{14}C의 세종류가 있습니다. 이들 동위원소들 중에는 방사선을 내는 것이 있는데 이와 같은 동위원소를 방사성동위원소 또는 방사성동위체라고 합니다.

지구상에는 이외에도 방사성 붕괴를 일으키지 않고 그 존재량도 거

2 원자핵을 이루고 있는 양성자와 중성자의 수를 합친 수.

의 변하지 않고 안전하게 존재하는 원소가 있는데 이를 안정동위원소라고 하며, 안정동위원소인 황(S)에는 다음의 4개의 안정동위원소, ^{32}S, ^{33}S, ^{34}S, ^{36}S 가 있습니다.

20세기 들어와서 이 방사성동위원소를 사용해서 연대를 측정하게 되었습니다. 방사성동위원소는 세 종류의 방사선(λ, β, Γ)을 방출하여 다른 원소로 변해갑니다. 이것을 방사성붕괴라고 합니다. 처음에 있던 방사성원소를 어머니원소(Parent element)라고 부르며, 어머니원소의 방사성붕괴에 의해서 생겨나는 원소를 딸 원소(Daughter element)라고 부릅니다.

방사성동위원소의 양은 붕괴에 의해서 감소하게 됩니다. 원래의 방사성원소(어머니원소)는 일정한 비율로 다른 원소(딸 원소)로 변해가는데, 어머니원소의 반이 딸원소로 바뀌는 시간을 그 방사성원소의 반감기라고 합니다. 이 반감기는 온도나 압력조건과는 관계없이 일정합니다. 이로부터 어머니 핵종의 양과 딸 핵종의 양을 알면 연대를 결정할 수가 있습니다. 예를 들면, 질량수 238의 우라늄 ^{238}U가 방사성 붕괴하여 질량수 206의 ^{206}Pb로 바뀌는 반감기는 45억1000만 년입니다. 이러한 방사성동위원소의 측정으로부터 얻어지는 연대가 「방사성연대」로 절대수치(絶代數値)로 주어집니다. 한편 화석 등을 이용해서 지층의 순서를 정한 연대는 「상대연대(相對年代)」라고 합니다.

반감기가 긴 우라늄이나 스트론튬 등의 동위원소는 오래된 암석의 연대를 측정하는데 사용되며, 반감기가 짧은 탄소의 동위원소 등은 화석이나 생물의 유해의 나이를 측정하는데 사용합니다. 방사성동위원소를 이용한 연대 측정방법에는 여러 종류가 있으며 이들을 이용해서 측정한 연대의 값은 복수(複數)의 방법으로 검증되고 있습니다.

1919년에 켐브리지대학의 아스톤(Francis William Aston, 1877-1945)에 의해서 제작된 질량분석기를 사용하여 동위원소의 양을 정확히 측정하게 되었습니다. 이 기기의 개량이 거듭되면서 동위원소의 측정 정밀도는 점점 높아지게 되었습니다. 앞서 말한 홈즈는 제2차세계대전 직전에 에든버러대학 교수가 되었으며 이 질량분석장치를 사용해서 방사성동위원소의 존재비를 조사하여 제일 오래된 광물의 연령으로부터 지구의 연령이 20억 년이라고 주장하였으며, 그 후 1947년에는 새로운 데이터를 바탕으로 지구의 연령을 30억 년이라고 고쳐 말했습니다.

제2차세계대전 후, 암석광물의 연대측정 방법이 더 진보해서, 지구를 구성하는 물질 뿐만 아니라 운석이나 달의 암석 등 지구 이외의 행성을 구성하는 물질에 대해서도 정확한 연령을 구할 수 있게 되었습니다. 여섯 번의 아폴로계획에 의해서 채집된 월석시료와 우주공간으로부터 날아온 운석 그리고 달로부터 날아온 달 운석 등에 대해서 연대측정이 이루어졌는데 그 결과는 45억 5000만 년이었습니다. 지구는 달이나 다른 행성과 같은 시기에 만들어졌다고 생각되므로 45억 5000만 년의 연령이 구해집니다. 따라서 현재는 이 생각이 널리 지지되고 있습니다.

방사성동위원소의 연대측정의 발달은 지구의 연령을 알게 했을 뿐만 아니라 이외의 지구과학분야에도 커다란 공헌을 하였습니다. 그동안 지질학적 지식으로는 풀 수 없던 어려운 문제들, 즉 화성암의 성인, 변성작용 시기, 대륙지각 발달사 그리고 고생물학이나 층서학적 방법으로는 밝힐 수 없었던 선캄브리아시대(고생대 이전의 약 35억 년 가까운 시기)

의 지질학적인 해명을 가능케 했습니다.

여기서 루비듐(Rubidium, Rb)-스트론튬(Strontium, Sr)동위원소비를 사용한 연대측정의 실례를 들겠습니다. 스트론튬에는 ^{84}Sr, ^{86}Sr, ^{87}Sr, ^{88}Sr의 4 개의 안정동위원소가 있습니다. 암석이나 광물 속에 있는 스트론튬의 대부분은 그 암석이나 광물이 생기기 이전부터 존재했던 초생(初生) 스트론튬이지만, ^{87}Sr만은 그 암석이나 광물이 생긴 후에 그 속에 포함되어 있던 루비듐의 방사성붕괴로 생긴 것입니다. 루비듐에는 2개의 동위원소인 ^{85}Rb와 ^{87}Rb가 있는데, ^{87}Rb 쪽이 β선을 방출해서 ^{87}Sr로 변하는데, 그 반감기는 약 500억 년입니다.

어떤 마그마(암석이 액체상태로 녹아 있는 것)가 있을 때, 그 속에 있는 스트론튬(Sr)은 액체 속에서 자유로이 이동할 수 있게 되어 어디서나 스트론튬 동위원소의 비는 같게 됩니다. 이를 동위원소평형상태에 놓여있다고 하며, 그 상태의 스트론튬 동위원소비를 초생(初生) 값이라고 합니다. 따라서 마그마에서 광물이 만들어질 당시는 루비듐이나 스트론튬의 동위원소비는 어느 광물에도 같은 비율로 분포하게 됩니다. 그러나 광물이 만들어지게 되면 광물의 종류에 따라서 루비듐을 포함하기 쉬운 것이 있는 반면 스트론튬을 포함하기 쉬운 것도 있습니다. 그 이유는 이온반경이 큰 원소일수록 고상(固相, 광물)보다는 액상(液相, 마그마)으로 들어가기 쉬운 경향이 있는데, 이를 전문용어로는 액상으로의 분배계수(分配係數)가 크다고 합니다.

따라서 $^{87}Rb/^{86}Sr$의 비는 광물마다 다른 값을 갖게 됩니다. 그러므로 $^{87}Rb/^{86}Sr$비의 값이 보다 큰 광물에서는 시간이 지남에 따라 방사성기원의 ^{87}Sr이 보다 급속하게 만들어지게 됩니다. 따라서 $^{87}Sr/^{86}Sr$ 비는 시간과 함께 급속도로 커지게 됩니다.

그 암석이 A, B, C라는 3개의 광물로 되어 있다고 생각하여서 가로축에 $^{87}Rb/^{86}Sr$비를, 세로축에 $^{87}Sr/^{86}Sr$비로 하는 도표를 그리면 그림 23에서 보는 바와 같이, 광물 A, B, C 및 암석 전체를 나타내는 점은 하나의 직선상에 놓이고, ^{87}Rb은 붕괴해서 ^{87}Sr을 만들어내므로, 시간이 지남에 따라 그 양이 증가하기 때문에 이 선의 경사는 시간과 함께 점점 급하게 기울어지게 되어 점 A, B, 그리고 C는 점 A', B', C'로 이동하게 됩니다. 이들 점을 이은 직선을 아이소크론(isochron, 등시선 等時線)이라고 합니다(그림23). 이 아이소크론의 기울기로부터 연대가 구해집니다.

아이소크론의 기울기가 급한 것은 만들어진 연대가 오래된 것이며, 기울기가 완만한 것은 젊은 것이 됩니다. 그리고 직선이 세로축과 만나는 점 ($^{87}Rb/^{86}Sr=0$)은 ^{87}Rb이 전연 포함되지 않은 광물이 가지고 있던 $^{87}Sr/^{86}Sr$비를 말하며, 그것은 그 암석이 만들어질 때의 $^{87}Sr/^{86}Sr$비의 값인 초생비(初生比)가 됩니다.

요즈음은 방사성연대를 계산하는 방정식이 유도되어 있어서 실제로는 컴퓨터가 계산해 주기 때문에 질량분석기에 의해서 얻어진 측정치만 넣으면 알고자 하는 연대 t를 구할 수가 있습니다.

1980년대에 들어와서 오스트랄리아과학기사(Australian Scientific Instruments)와 오스트랄리아국립대학이 공동으로 SHRIMP(Sensitive High Resolution Ion Microprobe)를 개발했는데, 이 장치를 이용한 二次이온질량분석기를 탑재한 이온현미경으로 광물이나 암석의 매우 미소한 부분의 동위원소비 측정이 가능케 되었습니다.

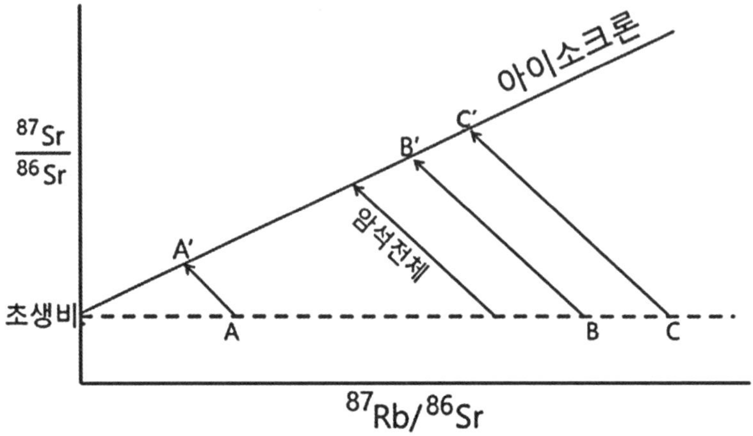

그림 23. 같은 암석 속에 포함되는 세개의 광물(A, B, C)의 아이소크론.
그 암석이 생겼을 때는 모든 광물이 같은 $^{87}Sr/^{86}Sr$비를 가지고 있었다. 그것을 A, B, C로 표시했다. 그 후 시간이 지남과 함께 화살표 방향으로 이동하여 각각 A', B', C'에 이르게 되었다.

SHRIMP를 이용한 연대측정에 공헌한 예로는 2000년에 [3]와일데 외(Wilde et al.) 에 의해서 서오스트랄리아의 잭힐(Jack Hill)지역의 규암 중에서 지구에서 제일 오래된 42억7000만 년(오차는 600만 년 이내) 전 시대의 저콘(zircon)의 발견을 들 수 있는데, 지구의 탄생이 약 45억5000만 년 이전이므로 이 저콘은 지구가 탄생해서 약 3억 년도 체 되지 않았을 무렵 생성된 것으로 화제를 일으킨 획기적인 발견이었습니다. 또한 [4]모오지스 외(Mojzsis et al. 2001)도 잭힐로부터 약 43억 년 전의 저콘의 산소동위원소비로부터 그때 이미 지표부근에 물이 존재하였음을 논하고 있습니다.

---

3 Wilde, SA; Valley, JW; Peck WH; Graham CM. 2000. Evidence from detrital zircons for the existence of continental crust and oceans on the Earth 4.4 Gyr ago. Nature. 409, 175-178.

4 Mojzsis, SJ; Harrison TM; Pidgeon RT. 2001. Oxygen-isotope evidence from ancient zircons for liquid water at the Earth's surface 4,300 Myr ago. Nature. 409, 178-181.

제6장

그랜드캐니언의 형성에 관한 창조과학의 주장과 반론

제6장

그랜드캐니언의 형성에 관한 창조과학의 주장과 반론

창조과학에서는, 창세기에 나오는 한 차례의 전지구를 휩쓴 격변적인 사건인 노아의 홍수에 의해서 약 1년이라는 매우 짧은 기간에 현재 우리가 보는 지각이 형성되었다고 주장하며, 그 예로 미국의 그랜드캐니언을 들고 있습니다. 이는 젊은 지구를 주장하는 창조과학론자들에 의해서 적극적으로 주장되어 왔는데, 그 대표적인 것으로는 윗콤-모리스(John C. Whitcomb and Henry M. Morris)의 「창세기 홍수(The Genesis Flood. 1961), 톰 베일(Tom Vail)이 편집 발간한 「그랜드캐니언: 다른 관점(Grand Canyon: A Different View. 2003)」에 실린 오스틴(Steve Austin) , 바움가드너(John Baumgardner), 기슈(Duane Gish), 한(Ken Han), 함부리즈(Russell Humphreys) , 헨리 모리스(Henry Morris), 존 모리스(John D. Morris), 스넬링(Andrew A. Snelling), 바디만(Larry Vardiman), 윗콤(John Whitcomb), 바이스(Kurt

Patrick Wise)들의 20편의 에세이와 이와 관련된 그랜드캐니언 사진을 실은 책과 함(Ken Ham)의 저서 「새롭게 답하는 책 3권(The New Answers Book Vol. 3. 2010)」등 유사한 주장을 담은 많은 논문이나 저서와 동영상들이 있습니다.

또한 우리나라에서도 유튜브의 동영상을 통해서 김명현 교수와 이재만 선교사들의 창조과학 세미나 등 그리고 이외에 젊은 지구를 주장하는 여러 창조과학자들에 의해서 같은 주장이 되풀이되고 있습니다.

그랜드캐니언이 노아의 홍수 때 만들어졌다는 창조과학의 터무니없는 세 가지 주장에 대해서 반론합니다. 그림 24는 그랜드캐니언의 계곡절벽에 분포하는 암층군의 단면을 알기 쉽게 나타낸 그림입니다. 앞으로 논의하는 문제의 모든 내용은 이 그림 안에 있습니다.

6-1. 그랜드캐니언의 지질개관

미국의 [1]그랜드캐니언은 1979년에 세계자연유산에 등록된 아리조나주 북부에 형성된 계곡으로, 계곡의 평균 깊이는 1.2km, 길이 446km, 폭 6km에서 29km에 이르며, 가장 깊은 곳은 1.8km에 달하는 거의 우

1 Karl E. Karlstrom, John P. Lee, Shari A. Kelley, Ryan S. Crow1, Laura J. Crossey, Richard A. Young, Greg Lazear, L. Sue Beard, Jason W. Ricketts, Matthew Fox, and David L. Shuster. 2014. Formation of the Grand Canyon 5 to 6 million years ago through integration of olderpalaeocanyons. Nature Geoscience v. 7, p. 239-244.
Stanley S. Beus and Michael Morales(edited). 2002. Grand Canyon Geology 2nd Edition. New York, Oxford University Press, Inc., Price L. Greer. 1999. An Introduction to Grand Canyon Geology.

리나라 남한의 길이만 한 웅대한 경관을 자랑하는 대 계곡입니다. 아리조나주 북쪽에 위치한 카이바브(Kaibab) 고원은 대 콜로라도 고원의 한 부분으로 해발 2817m 높이의 그랜드캐니언의 남쪽과 접해 있습니다. 카이바브 고원은 카이바브 산림공원과 그랜드캐니언 국립공원 북쪽 림(North Rim)으로 분할되고 있습니다.

그랜드캐니언을 구성하고 있는 지질은 선캄브리아시대(약 5억5000만 년 이전의 지질시대)로부터 페름기(약 2억9000만 년 전에서 약 2억5000만 년 전까지의 지질시대)에 이르는 암층군이 잘 발달 되어 있으며, 계곡의 절벽을 따라 여러 지질시대의 암층의 노두(지표에 노출되어 있는 암석)가 잘 관찰되고 있어서 지질학을 연구하는데 중요한 곳이기도 합니다. 그랜드캐니언의 암층 사진과 지질단면도 그리고 지질관계들이 그림 24에 실려 있습니다.

그랜드캐니언의 기원은 지금으로부터 약 7000만 년 전에 이 광대한 지대가 카이바브 고원이 솟아오르는 지각운동에 의해서 융기(隆起)되고, 약 4000만 년 전에 콜로라도강에 의한 침식으로 약 500만 년 전에 계곡의 모습이 드러나게 되었으며 약 200만 년 전에 지금 우리가 보는 것과 같은 장관이 형성되었습니다.

그랜드캐니언의 대표적인 침식계곡에 발달하는 지층의 노두는 인너협곡(Inner Gorge) 밑바닥의 20억 년 전의 비슈누(Vishunu)편암으로부터 림(Rim)에 분포하는 2억 3천만 년 전의 카이바브 석회암층에 이릅니다. 5억 년 전의 지층과 이 지층 하부에 분포하는 15억 년 전의 지층 사이에는 약 10억년이라는 긴 시간의 갭(gap)을 갖는 대규모의 부정합(Unconformity)이 있어서 장기간에 걸친 침식작용이 일어났음을 나타내고 있습니다(그림 24).

6-2. 그랜드캐니언이 노아의 홍수 때 만들어졌다는 세 주장과 반론

6-2-1. 그랜드캐니언에 선캄브리아시대의 화석이 없다는 주장과 반론

주장: 그랜드캐니언 최하부의 선캄브리아시대의 암층은 천지창조 셋째 날에 만들어졌다. 신이 천지창조 셋째 날에 창공 아랫물은 한 곳에 모이고, 마른 곳이 드러나라 하니 그렇게 되었다, 마른 곳은 땅이라 하고 물이 모인 곳은 바다라 하였다. 그 후 땅의 융기에 의하여 지표면이 기울어지게 되자, 지구를 뒤덮었던 물이 휩쓸어 내려가면서 일으킨 강력한 지표면의 침식작용에 의해서 흙과 모래 그리고 돌조각들을 바다 밑에 운반퇴적시켰으며 이것이 진화론에서 말하는 비슈누(Vishunu)기반암인 선캄브리아시대의 암층이다. 따라서 신이 생물을 창조한 것은 넷째 날 이후이므로 선캄브리아시대의 지층 내에는 화석이 존재할 리가 없다는 주장입니다.

반론: 그랜드캐니언의 지질학에서 말하고 있는 선캄브리아시대의 지층은 천지창조 셋째 날에 만들어졌기 때문에 화석이 존재할 수가 없다고 창조과학에서는 주장합니다. 그러나 그랜드캐니언의 선캄브리아지층에서 화석이 발견되고 있는데, 가장 오래된 화석은 12억 년에서 7억4천만 년 전의 [2]스트로마톨라이트(Stromatolites)가 발견되고 있습니다.

2 시아노박테리아(cyanobacteria)류의 사해(死骸)와 뻘 등에 의해서 만들어진 층상구조를 갖는 암석을 말함.

세계적으로는 선캄브리아시대의 지층 내에서 30억 년 전의 박테리아, 조류(藻類) 화석 그리고 생흔화석(生痕化石)등이 발견되고 있습니다. 또한 지구최고의 다세포생물의 화석으로 생각되는 [3]에디아카라(Ediacara) 화석군이 1946년에 오스트랄리아의 지질학자 스프리그(Reginald Claude Sprigg, 1919-1994)에 의해서 발견되었습니다. 이 화석군은 선캄브리아시대 말기의 동물 화석군으로 오늘 날에는 북아메리카, 러시아, 아프리카, 영국 등에서도 발견되고 있습니다.

오스틀라리아의 샤크(Shark)만 및 세계각지에서 선캄브리아시대의 스트로마톨라이트(Stromatolite)도 발견되고 있습니다. 이는 남조류 화석의 유해(遺骸)와 진흙 입자들에 의해서 만들어진 암석화 된 화석입니다. 그리고 약 38억 년에서 19억 년 전의 선캄브리아시대에 해저에서 퇴적한 주로 산화철과 규산염광물로 된 [4]호상철광상(縞狀鐵鑛床)이 세계 여러 곳에서 발견되고 있습니다.

이와 같은 지질학적인 조사와 실험 연구결과 등으로 볼 때, 선캄브리아시대의 암층이 창조과학에서 주장하는 천지창조 셋째 날에 만들어졌다는 것은 억지 주장에 불과한 것입니다.

6-2-2. 그랜드캐니언 협곡 형성에 대한 주장과 반론

주장: 창조과학에서는 현재 우리가 보는 그랜드캐니언의 계곡의 형

---

3 오스트랄리아의 아데라이드(Adelaide) 북쪽의 에디아카라 언덕에서 대량 발견된 선캄브리아시대의 생물화석군.

4 지금부터 약 30억년전 당시 바다 속에는 대량의 철이 녹아 있었는데, 여기에 광합성을 하는 조류(藻類)의 일종인 시아노박테리아(cyanobacteria)에 의해서 발생한 대량의 산소와 철분이 결합해서 산화철이 되어 해저에 침전된 철광상으로 당시 지구상에 생물이 존재했었다는 증거가 된다.

성에 대해서 다음과 같이 주장합니다. 노아의 홍수 이후 카이바브 고원(지금의 그랜드캐니언의 남측에 접한 콜로라도 고원의 일부) 동북 쪽 일대의 지형을 컴퓨터 시뮬레이션한 결과, 한반도 크기에 필적한 호수의 흔적이 추정됐다는 근거로, 그곳에 분포했던 호수가 일순간에 터져서 범람하면서 형성된 격류가 카이바브 고원을 가로지르는 강력한 삭박침식작용에 의해서 대계곡이 형성되었다고 설명합니다.

반론: 지질학에서는 계곡의 기원은 500만 년에서 600만 년 전으로 추산되어 왔습니다만, 계곡의 형성시기를 알기 위한 조사와 연구방법이 여러 가지로 개발되어 이루어지고 있는데 [5]폴리악 외(Polyakc, Hill and Asmerom, 2008)의 사이언스 지에 게재된 논문에서는 계곡전체의 아홉개의 동굴의 벽에서 발견된 방해석퇴적물을 U-Pb연대측정법을 이용해서 분석한 결과, 그 기원은 지금까지 생각했던 것 보다 3배에 가까운 1700만 년 전이라고 보고하고 있습니다.

최근에는 [6]셔스터 외(David Shuster, Rebecca Flowers, and Kenneth Farley, 2006) 등에 의해서 개발된 인회석의 냉각온도 측정법이 지질학분야에 활용되고 있습니다. 그 원리는, 인회석은 지각의 깊은 장소인 고온상태에서는 그 속에 포함되어 있던 U의 방사성 붕괴에 의해서 생성된 He이 쉽게 빠져나가지만, 지각의 융기 등에 의하여 지하의 얕은 낮은 온도상태에 이르는 냉각상태가 진행되면, He이 인회석 내에 부분적으로

5 Polyak, Victor Carol Hill and Yemane Asmerom, 2008. Age and Evolution of the Grand Canyon Revealed by U-Pb Dating of Water Table-Type Speleothems. Science 7, Mar, 2008, Vol 319, Issue 5868, pp. 1377-1380.

6 David L. Shuster, Rebecca M. Flowers, Kenneth A. Farley, 2006.The influence of natural radiation damage on helium diffusion kinetics in apatite. Earth and Planetary Science Letters 249, 148-161.

축적이 시작되고 온도가 더 낮은 상태가 되면, He이 빠져나가는 상태가 중지되어 더 이상 빠져나가지 못하여 폐쇄계가 됩니다. 따라서 이 원리를 이용해서 인회석의 He 폐쇄온도가 이루어졌을 때의 지각의 깊이 등을 알 수 있게 됩니다.

[7]플라워와 팔리(Flowers and Farley, 2012)는 새로 개발된 고정밀도의 보정법을 사용해서 30°C까지 냉각된 연대까지 결정할 수 있는 방법을 적용한 결과, 오래 동안 논쟁이 되어 온 그랜드캐니언의 동쪽과 서쪽의 계곡이 종래에 생각되어왔던 5에서 6 백만 년까지 침식이 이루어졌다는 것과는 달리, 거의 동시에 침식이 시작되었으며, 그 시기는 지금까지 생각 해 오던 것 보다 훨씬 더 오래된 7000만 년 전이라는 새로운 증거가 제공됐다고 했습니다.

따라서 $^{4}He/^{3}He$ 및 (U-Th)/He의 연대측정에 의해서 계곡 형성이 7000만 년 이전에 이루어졌다는 실험 결과는 지질학적으로도 부합되며, 또한 이 측정 연대는 시대적으로도 노아의 홍수 이전에 해당됨으로 노아의 홍수 후기에 격변적인 사건으로 단시간에 그랜드캐니언이 강력한 삭박작용에 의해서 형성되었다는 창조과학의 주장은 허구에 불과합니다.

6-2-3. 그랜드캐니언 전지층은 홍수기간에 만들어졌다는 주장과 반론

주장: 창조과학에서는 지질학에서 말하고 있는 지층은 방대한 시간을 나타내고 있지 않다는 증거의 하나로 그랜드캐니언을 들고 있습니

7 Flowers, RM, Farley KA. Apatite 4He/3He and (U-Th)/He evidence for an ancient Grand Canyon. science. Science 21 Dec 2012: Vol. 338, Issue 6114, p.1616-1619.

다. [8]돈 바텐(Don Batten, 2014)이 편집한 책 「창조의 의문에 답한다」와 [9]켄 함(Ken Ham 2010)의 「창조의 의문에 답한다 3권」 그리고 창조과학 세미나 등에서는 다음과 같이 주장하고 있습니다.

그랜드캐니언을 구성하는 퇴적층(그림 24)은 광범위한 바다에서 퇴적됐으며, 거대한 코코니노사암층은 그 두께가 약 100m에 이르고 25km^{2}의 범위에 분포하고 퇴적층 간에는 하부의 허밋(Hermit)지층과 상부의 코코니노(Coconino)사암층과의 사이처럼 여러 평평한 평행층들로 구성되며, 그 경계면은 뚜렷하고 울퉁불퉁(凹凸)한 면이 존재하지 않고 평탄한 면으로 된 점으로 보아서 구성 암층은 [10]터비다이트(Turbidite)라고 설명합니다. 그리고 진화론에서 말하는 점진적 퇴적작용으로는 퇴적층 전체가 점이적으로 되므로 그랜드캐니언의 여러 평행층으로 구성되는 것과 같은 지층은 만들어질 수 없으며 전체가 균일한 하나의 지층을 형성한다고 주장합니다.

그리고 1980년에 파괴적인 화산폭발로 불과 3일 동안에 대량의 화쇄류(火碎流, Pyroclastic flow)에 의해서 운반된 퇴적물이 쌓여서 단애를 이루고 있는 미국의 세인트헬렌스(St. Helens) 화산의 예를 들어 짧은 시간에도 두꺼운 퇴적층이 만들어질 수 있다고 주장합니다. 그러나 화산활동에 의해서 대량 분출된 화산쇄설물의 퇴적물과 일반적인 육성쇄

---

8 Batten, Don (editor). The Creation Answers Book. 2007, Chapter 15, Ken Han. The New Answers Book Vol. 3. 2010.
김명현. 창조과학 세미나 3강 그랜드캐니언. 이재만. 노아홍수.

9 Ham, Ken. 2010. The New Answers Book 3. Master Books. Chapter 18.

10 저탁류가 대륙붕사면에서 발생하고 그것이 해저사면이나 해저계곡을 따라 빠른 속도로 흘러 내려가서 해저에 쌓인 퇴적물로, 여러 번 반복해서 퇴적하므로 점이층리나 사암과 이암이 겹쳐진 층리가 잘 발달한다.

설암류의 퇴적물들의 퇴적환경이나 퇴적과정은 크게 다름으로 이를 같이 비교하는 것은 매우 잘못된 것입니다.

반론: 진화론에서는 그랜드캐니언의 암층군은 20억 년 전의 선캄브리아시대의 기반암인 비슈누(Vishnu)층 위에 부정합으로 고생대층인 5억2000만 년 전의 타피쓰(Tapeats) 사암층을 하부로 최상부인 2억5000만 년 전의 카이바브(Kaibab)층까지 13매의 퇴적암층이 서로 정합적인 관계로 놓이며 이들 지층은 터비다이트라고 설명하고 있습니다(그림 25, 읽을거리 6 참조). 그러나 그랜드캐니언을 구성하는 암석 일부 지층은 터비다이트 일 수 있지만 전 층을 터비다이트로 규정하는 것은 무리한 발상입니다.

[11]아만다 델리아(Amanda D'Elia)는 그랜드캐니언의 선신생대의 층서와 고지리라는 논문에서 그랜드캐니언을 구성하는 암층의 분포와 산출상태, 지층에 발달하는 퇴적구조, 암석기재 그리고 고지리에 대한 조사연구결과를 상세하게 다루고 있는데, 이 외에도 많은 지질학자들에 의해서도 같은 내용의 조사연구가 발표되고 있습니다. 이러한 연구결과는 창조과학에서 주장하고 있는 그랜드캐니언이 노아의 홍수에 의해서 일년에 단한번의 격변적인 사건의 결과 형성됐다는 주장이 얼마나 허황된 것인가를 입증하고 있습니다.

현재 지구상에는 선캄브리아시대의 막대한 양의 화성암이나 퇴적암 그리고 변성퇴적암의 여러 종류의 암층이 광범위하게 분포하고 있습니다. 그렇다면, 천지창조 셋째 날 하루 만에 어떻게 이러한 막대한

---

11 Amanda, D'Elia. Pre-Cenozoic Stratigraphy and Paleogeography of the Grand Canyon, AZ Abstract.

양의 여러 암층들이 만들어질 수 있는가 입니다.

지질학에서 말하는 퇴적작용은 창조과학에서 주장하는 그러한 단순한 과정에 의해서 만들어질 수는 없습니다. 퇴적암이 만들어지기 위해서는 침식→운반→퇴적의 과정을 거치게 되는데, 이 일련의 과정은 창조과학이 즐겨 주장하는 짧은 시간에도 이루어질 수 있습니다. 그러나 이 과정을 거쳤다고 해서 퇴적암이 형성되는 것은 아닙니다. 즉 운반·퇴적된 흙이나 모래 그리고 돌 조각들이 바다 밑에 퇴적됐다고 해서 바로 딱딱하게 굳은 암석으로 되는 것은 아닙니다. 퇴적물이 퇴적 후, 물리·화학적인 [12]속성작용(續成作用, Diagenesis)이라는 과정을 거쳐서 비로소 딱딱하게 굳은 퇴적암으로 만들어지는데, 이 작용은 퇴적 후 수십만 년 내지 수백만 년에 걸쳐서 일어납니다. 따라서 퇴적암이 만들어지기까지는 창조과학에서 주장하는 성서에 나오는 지구의 연령 6000년보다는 훨씬 더 긴 시간을 요합니다.

스테노는 1669년에 이탈리아의 피렌체(Firenze)에서 지층은 해저에서 수평으로 연속 퇴적되며, 그 지층 위에 새로운 지층이 쌓인다(아래로부터 위로 평평한 지층이 겹겹이 쌓인다)라는 「지층누중의 법칙(地層累重의 法則)」을 발표했습니다. 그 후 1791년 영국의 토목기사이며 지질학자인 스미스(그림 4)가 운하공사를 위한 지질조사에서 이 법칙을 증명하여 확립시켰습니다. 따라서 창조과학이 앞에서 주장하는 퇴적층의 산출상태와 생성과정은, 그랜드캐니언을 구성하는 지층에서만 보이는 유일한 것은

12 속성작용은 대체적으로 매몰심도 2~3km, 온도 100℃ 정도에서 일어납니다. 퇴적물이 위에 놓인 퇴적물체의 하중을 받는 동안, 물이 순환할 수 있는 개방계서는 밑의 퇴적물에 함유되어 있는 광물, 불석(沸石)이나 점토광물 등의 성분이나 종류가 화학작용에 의해서 변화하거나 또는 하중으로 인해서 퇴적물의 공극률이나 함수율이 감소하는 물리화학적 작용을 말합니다.

아니며, 지구상에 분포하는 퇴적암의 일반적인 산출상태입니다.

그랜드캐니언을 구성하는 타피쓰 사암층을 제외한 12매의 평행누층군의 일부는 퇴적구조와 산출상태로 보아서 터비다이트(turbidite)로 추정됩니다만, 이들 전 지층이 창조과학에서 주장하는 증거만으로는 터비다이트로 규정지을 수 없습니다.

터비다이트는 해저퇴적물의 일종으로 [13]터비디티 커런트(turbidity current)에 의한 퇴적물을 말합니다. 이러한 터비다이트층 내에는 다음과 같은 여러가지 독특한 퇴적구조가 관찰되는데, 이도 또한 창조과학자들의 주장과는 달리 터비다이트가 간헐적으로 생성됐다는 강력한 증거가 됩니다.

미고결 퇴적물이 터비디티 커런트를 형성하면서 해저 사면을 흘러 내려 갈 때 퇴적물 내의 무거운 큰 입자는 밑으로 가라 앉고 보다 가벼운 작은 입자가 위쪽으로 차례로 쌓인 것을 점이층리층(graded bedding)이라고 합니다(그림 25). 이러한 점이구조가 발달한 사질(砂質)의 얇은 층과 이질(泥質) 또는 석회질의 얇은 층이 반복되는 호층(互層)(그림 26) 구조는 터비다이트의 특징 중의 하나입니다.

또한 미고결상태의 퇴적물이 중력에 의해서 흘러내려갈 때 교란되어 발달하는 슬럼핑(slumping)구조(그림 27)와 밑부분을 깎아낸 저흔(底痕, sole mark) 구조 등도 특징적으로 잘 발달합니다. 터비다이트에는 이상과 같은 여러 가지 퇴적구조가 발달되므로 이로부터 판단되어야 합니다.

---

13 해저에 쌓여 있던 흙과 모래가 지진 등에 인한 해저의 진동으로 해저사면을 산사태처럼 흘러 내려가는 혼탁한 물을 포함한 고밀도의 물질로 저탁류라고도 함.

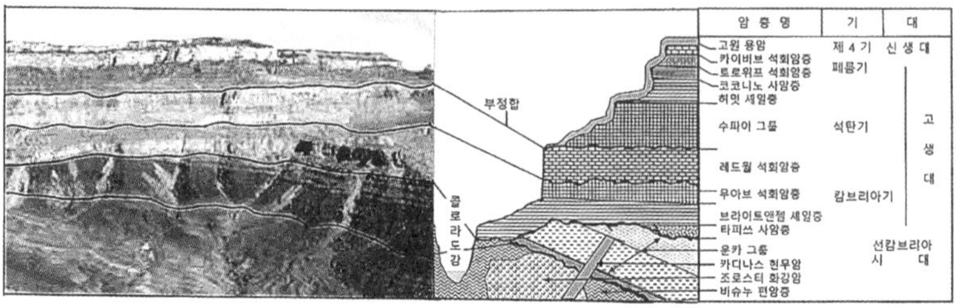

A B

그림 24. 그랜드캐니언의 암층 사진과 그 지질단면도 그리고 층내에 발달하는 4 개의 부정합 출처 A _ https://geologictimepics.files.wordpress.com/2012/03/sru-07e.jpgdmf를 수정 보완.
B _ https://docplayer.net/30333708-Geologic-map-of-the-grand-canyon.html Generalied Cross-Section 수정보완.

그림 25. 입자크기에 의한 점이 층리. (저자제공 일본 가미기타(上北) 광산 1969)

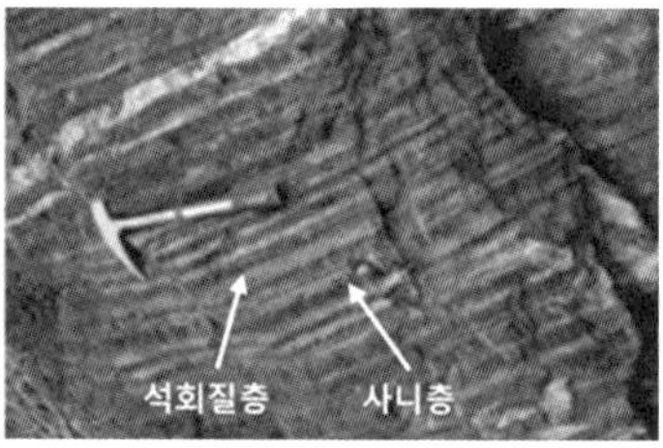

그림 26. 우리나라 옥천층군 하부 고운리층의 사니(砂泥)층과 석회질층의 호층(저자제공 송계리 노두 1964)

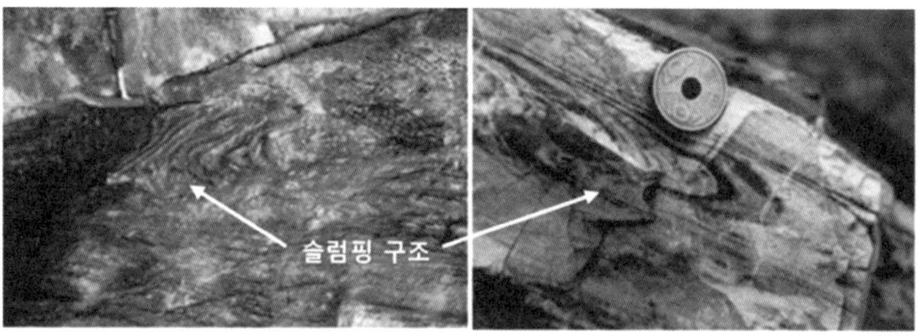

그림 27. 우리나라 옥천층군 하부 고운리 터비다이트층 내에 발달한 슬럼핑구조.
(저자제공 송계리 노두 촬영 1964)

대륙붕사면에 안식각(安息角)을 유지하면서 쌓여 있던 육지기원 성분인 주로 토사류로 구성된 미 고결 퇴적물이 해저의 지진동 등에 의해서 혼탁(混濁)한 밀도류(密度流)인 터비디티 커런트를 형성하면서 중력에 의해서 해저 골짜기(submarine channel)를 산사태처럼 흘러 내려가서 심해저에 쌓인 퇴적물이 터비다이트(turbidite)입니다. 지형적으로는 해저 선상지를 만듭니다.

터비디티 커런트의 발생은 간헐(間歇)적으로 일어나며, 그 유하 속도는 사면의 각도나 유하하는 퇴적물의 양과 밀도에 따라 다르지만, 대체적으로 수십km/h 정도로 생각됩니다. 이로 인해서 모래와 진흙 등으로 된 그림 26과 같은 사니호층(砂泥互層)을 이룹니다.

그림 26에서 보는 바와 같이 터비다이트는 일반적으로 한 매 한 매의 성분을 달리하는 층이 짧은 시간안에 만들어지고 이들 층이 겹쳐져서 호층을 이루게 됩니다. 이 호층은 한 번에 만들어지는 것은 아니고 한 매가 만들어진 후 공급원에 육지기원성분의 토사류가 쌓이게 되면 그것이 터비디티 커런트에 의해서 유하 하여 다시 한 매의 층을 만들게 됩니다. 그러므로 창조과학에서 주장하는 것처럼 터비다이트의 전 층이 단 한 번에 격변적으로 형성되는 것은 아닙니다.

읽을거리 6: 터비다이트

터비다이트가 발견된 동기는 미국과 유럽을 연결하는 대서양의 해저전신케이블이 해저지진에 의해서 절단된데 기인합니다.

캐나다의 뉴파운들랜드(Newfoundland)섬으로부터 남동으로 연장되는 그랜드 뱅크스(Grand Banks)라는 수심이 25m에서 100m에 이르는 대륙붕이 분포하는데, 여기에 미국과 유럽을 연결하는 해저전신 케이블이 다수 부설되어 있었습니다.

그런데 이 부근 해저사면 아래 부분에서 1929년 11월 18일에 지진이 발생하고 12개의 해저전신케이블이 12시간에 23개소가 절단되었는데, 당시에는 그 원인을 몰랐으나, 그 후 1952년에 이 케이블의 절단이 해저에서 일어난 토사류(土砂流)에 의한 것이라는 사실을 알게 되었습니다.
지진은 15시 30분에 발생했습니다. 지진 발생 후 1시간 30분 만에 수심 2,000m에 부설된 케이블에서 최초의 케이블이 절단되었습니다. 그 후 차례차례로 케이블이 절단되고, 12시간 40분 후에 수심 2,800m 부근의 케이블이 절단되었습니다. 이러한 케이블의 절단시간은, 그 때 미국과 유럽 간의 전신이나 통화 연결이 차례차례로 갑자기 끊어진 시간으로부터 알게 되었습니다. 케이블이 차례차례로 절단된 시간으로부터 토사류가 유하 한 속도를 계산했는데, 총 480km를 유하 하는데 걸린 시간은 13시간이며, 유하 속도는 93km/h~122km/h로 상상을 초월하는 빠른 속도였습니다. 그 후 이와 같은 해저토사류퇴적물이 세계 각지에 존재한다는 사실이 알려졌을 뿐만 아니라 지질시대에도 이와 같은 퇴적물이 있다는 것을 알게 되었습니다.

호층을 이루는 한 장 한 매의 단층(單層)의 퇴적이 어느 정도의 빈도로 일어나고 있는가에 대한 터비다이트층 내에 함유된 화석을 이용한 C-14의 방사성동위원소연대측정으로부터 밝혀진 [14]이케하라 겐(池原 研)의 연구(1999)에 의하면 약 수백 년(400년~700년 정도) 마다 일어나고 있는 것으로 보고되고 있습니다. 따라서 한 매의 얇은 층이 쌓여서 두꺼운 터비다이트층을 퇴적 시키기 위해서는 장구한 시간이 필요하게 되며, 창조과학에서 주장하는 지구의 나이 6000년의 기간으로는 도저히 만들어질 수 없습니다.

그럼으로 창조과학자들에 의한 그랜드캐니언의 고생대 전지층군이 노아의 홍수 때 단 한 번의 격변적인 사건에 의해서 생성된 터비다이

14 池原 , 1999. 深海底 タービダイトの 生周期 とその古地震 的意義: 熊野トラフの ピストンコアの解析例. 堆積 究. 49 , 13-21, 1999.

트층이라는 주장은 공상적인 비과학적 주장에 불과한 것입니다.

터비디티 커런트 발생원인으로는, 지진, 쓰나미, 해저화산의 폭발 그리고 최근 알려진 급격한 메탄 하이드레이트(methane hydrate)층(읽을 거리 7 참조)의 기화로 인한 폭발분출에 의한 해저의 지진 등을 들 수 있습니다.

읽을거리 7: 메탄 하이드레이트

메탄 하이드레이트라는 것은 메탄가스 분자가 물 분자로 둘러싸인 망상(網狀)구조의 포접수화물(包接水和物, clasrate)로 얼음상의 셔벳(sherbet) 과 같은 고체 결정입니다. 함유되는 메탄가스의 양은 물 1리터 당 약 150리터나 됩니다. 이 물질은 해저의 저온·고압 조건하에 놓인 해저퇴적물 중에 함유되고 있어서「자연의 메탄의 저장고」로 21세기의 거대 천연가스자원으로 촉망을 받고 있습니다. 그리고 석유나 석탄에 비해서 이산화탄소의 배출량이 거의 반 정도이어서, 클린 에너지 로서의 기대도 큽니다. 이 메탄 하이드레이트는 세계 각 해양 바다 밑에 널리 거대한 양이 매장되어 있는데, 현재까지 알려진 매장량은 약 150조m^3로 추산되고 있습니다.

고생대층 최하부의 타피쓰 사암층은 분별상태가 매우 불량하고 무게 약 200톤의 지름이 5m에 달하는 거대한 암괴가 존재하고 있는 산출상태로 보아 토사의 급류에 의해서 형성된 암설류(岩屑流)와 같은 [15]데브리플로(debris flow, 土石流)에 의해서 운반된 퇴적물로 판단됩니다.

데브리플로 퇴적물은 급격히 생성되는 높은 에너지의 흐름에 의해서 크고 작은 암편들과 모래 등이 뒤섞여서 만들어진 분급상태가 매우 나쁜 퇴적물을 말합니다. 이러한 퇴적물에는 크기가 수m에 달하는

---

15 물을 함유한 흙과 모래 그리고 암편들이 산비탈이나 해저사면을 빠르게 흘러가는 지질현상.

큰 암괴가 협재 되기도 합니다.

[16]챠드윅과 케네디(Chadwick and Kennedy)는 타피쓰사암의 퇴적환경을 다음과 같이 결론짓고 있습니다. 타피쓰사암의 데브리플로는, 타피쓰 사암의 바탕 속에 동시에 파쇄된 시누모사암(Shinumo, 운카그룹의 사암)의 역들을 포함한체 격류를 이루어, 140m 이상의 깊이에 달하는 오목한 지형에 퇴적시킨 것으로 해석하고 있습니다.

그랜드캐니언을 구성하는 암층군은 그림 24에서 보는 바와 같이 선 캄브리아시대의 기반암 그리고 비슈누 세일층을 포함한 6개의 암층군과 이를 부정합으로 덮고 있는 고생대의 데브리플로 기원의 타피쓰사암층 그리고 이 층 위에 놓이는 평행 퇴적층인 터비다이트라고 판단되는 지층을 포함한 9매의 지층군과 신생대의 고원용암류로 이루어집니다.

이와 같은 여러 지층군의 존재는, 해진해퇴(海進海退) 또는 해수면의 변동 또는 지반의 침강과 융기와 같은 지각활동에 의해서 발달이 규제됩니다. 상하의 지층의 퇴적시기에 공백이 있거나 서로 비조화적으로 퇴적되기도 합니다. 그리고 퇴적한 층이 융기하여 육지가 되어 침식작용을 받은 후에 다시 해저에 침강하여 그 위에 새로운 지층이 퇴적되는 일련의 퇴적 사이클에 의해서 여러 지층이 쌓이게 됩니다. 따라서 창조과학 또는 창조과학자들이 주장하고 있는, 단 한차례의 격

16 CHADWICK, ARTHUR V. AND M. ELAINE KENNEDY Depositional Environment of the Tapeats Sandstone in the Region of Grand Canyon, Arizona. Copyright © 2001 Ar.t Chadwick Chadwick, A., and E. Kennedy. Evidence for deep water deposition of the Tapeats Sandstone. 15th International Sedimentological Congress. 15:247-248, 1998. Kennedy, Elaine G., R. Kablanow, and A. V. Chadwick. A reassessment of the shallow water depositional model for the Tapeats Sandstone: Evidence for deep water deposition. Geological Society of America. 1996. Abstracts with Program 28: A407.

변적인 노아의 홍수에 의해서는 그랜드캐니언의 암층군이 생성될 수가 없습니다.

그리고 그랜드캐니언 지층군 내에는 그림 24에서 보는 바와 같이 적어도 4개 이상의 부정합면이 발달합니다. 이들 부정합면은 수파니그룹과 레드월 석회암층 사이, 템플버틀 석회암층과 무아브 석회암층 사이에 발달되고 캄브리아기의 타피쓰 사암층과 선캄브리아시대 지층의 추아 그룹 상부와의 사이에는 대경사부정합이 존재합니다. 이의 퇴적공백기간은 약 2억 년 이상으로 알려져 있으며, 그랜드캐니언 수퍼그룹과 비슈누 편암층 사이의 부정합면의 존재 등이 확인되고 있습니다.

어떤 층과 그 다음에 퇴적한 지층 간에 시간적인 공백이 없이 조화적으로 퇴적되어 있으면 서로의 관계를 정합이라고 합니다. 그러나 두 지층 간의 퇴적시기에 공백이 있으며, 그 사이에 융기하여 침식되고 다시 침강하여 지층이 그 위에 퇴적되는 경우, 지층 서로 간의 관계를 부정합이라고 합니다. 그랜드캐니언의 암층군 내에 이러한 여러 개의 부정합의 존재는 그랜드캐니언의 암층군이 단한번의 노아의 홍수에 의해서는 도저히 생성될 수 없다는 강력한 증거입니다.

제7장

그랜드캐니언 고원용암과 카디나스 현무암의 지질시대의 문제

제7장

그랜드캐니언 고원용암과 카디나스 현무암의 지질시대의 문제

창조과학자들은 그랜드캐니언을 구성하는 선캄브리아시대의 지층 중에 협재된 카디나스(Cardenas)현무암과 그 선캄브리아시대 지층을 부정합으로 덮고 있는 고생대 지층의 위를 덮은 신생대 제4기 용암인 고원용암(Plateau lava flow)의 방사성연대는 각각 11억 년과 13억 년으로 카디나스현무암 나이가 신생대 고원용암 나이보다 젊다는 모순된 예를 들어서, 방사성동위원소에 의한 연대측정은 믿을 수 없으며, 따라서 지구의 45억5000만 년이라는 나이는 거짓이다고 주장합니다.

아래 그림 28은 그랜드캐니언을 구성하는 암층의 지질관계의 모식도입니다. 그랜드캐니언의 지질계통은, 그림 28에서 보는 바와 같이,

(1) 해저에서 기반암 위에 선캄브리아시대 지층이 퇴적되고 카디나스 현무암용암이 용출되었다

(2) 그 후에 지각변동에 의해서 지층이 융기하여 기울어지게 되었다.

(3) 그 후에 침식작용에 의해서 선캄브리아시대 지층의 상부가 깎인 후, 다시 해저에 침강하고 그 위에 고생대 지층이 부정합으로 퇴적되었다.

(4) 신생대에 들어와서 화산작용에 의해서 흘러나온 고원용암류가 고생대 지층을 덮게 되었다.

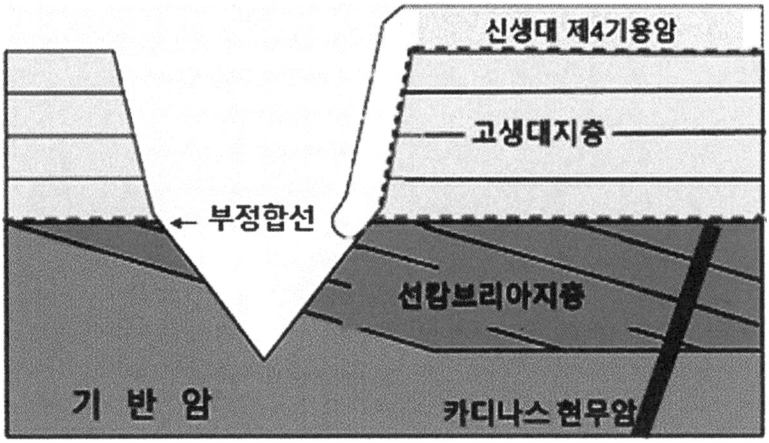

그림 28. 그랜드캐니언을 구성하는 암층의 지질관계. Chis Stassen 1994-2003을 수정

이상을 요약하면, 그랜드캐니언을 구성하는 암층군은, 적어도 세 번의 시대를 달리하는 사건의 결과 형성되었음을 알 수 있습니다.

위에 설명한 지금까지 얻어진 지질학적 관계 자료로부터 판단할 때 카디나스현무암이 고원용암보다 더 젊을 수는 없다고 결론지어집니다.

운카(Unkar) 그룹(그림 24)의 카디나스 현무암의 6개의 전암(全岩)시료에 대한 방사성연대는 [1]Larson, Patterson and Mutschler(1994) 그리고 McKee & Noble(1974)등에 의해서 그 연대는 11억 년(1.09 ± 0.07 b.y.)으로 보고되고 있으며, 그랜드캐니언의 지층에서 얻어진 제일 오래된 연령입니다.

1992년 창조과학연구소(Institute for Creation Research)에 의해서 카디나스현무암과 고원용암에 대한 방사성연대 측정이 이루어졌습니다. 이 연구를 수행한 창조과학연구소장인 [2]오스틴(Steven A. Austin, 1992)박사에 의하면, 신생대로 알려진 고원용암(그림 24, 28)의 방사성연대가 약 13억 년이며 카디나스현무암의 연대는 약 11억 년으로 고원용암의 연대가 카디나스현무암 보다 더 오래된 모순된 연대를 보이고 있다고 보고하고 있습니다. 이를 근거로 오스틴은 방사성연대는 유효하지 않으며, 따라서 지구의 나이 45억5000만 년은 믿을 수가 없다고 주장합니다.

오스틴의 이 주장에 대해서 [3]스타센(Chris Stassen, 1994-2003)은 「ICR의 그랜드캐니언 연대측정 프로젝트에 대한 비판」에서 다음과 같이 비평하며 반론했습니다.

방사성연대측정법에 제공되는 시료는 반드시 [4]동원암(同源岩) 이어야 하며 그 암석이나 광물이 생성할 당시 동위원소비가 같아야 한다는 조건을 만족시켜야 합니다. 그가 방사성연대측정법에 제공한 5개의 시료는 4개의 용암과 1개의 반정(斑晶)이였습니다. 그런데 이 연구

1 Larson, E. E., a Patterson, P. E. and a Mutschler, F.. 1994. Lithology, chemistry, age, and origin of the Prote rozoic Cardenas Basalt, Grand Canyon, Arizona. Volume 65, Issues 1-4, January 1994, Pages 255-27.

2 Austin, Steven A., 1992. "Excessively Old "Ages" For Grand Canyon Lava Flows," in Impact #224.

3 Stassen, Chris. 1994-2003. A criticism of the ICR's Grand Canyon Dating Project Copyright.

4 하나의 같은 마그마에서 결정작용에 의해서 만들어진 암석들.

가 이루어 진지 몇 년 후, 연구에 참여했던 두 사람이 4개의 용암 시료는 동원암이 아니었음을 시인하였습니다. 특히 반정은 마그마가 냉각고결하기 전에 이미 마그마 내에 결정으로 존재했던 광물이므로, 반정의 성분만큼 마그마로부터 그 성분이 이미 빠져나갔기 때문에 반정 광물과 남아있는 마그마의 성분은 서로 다르게 됩니다. 따라서 오스틴이 이번 연구에 반정과 동원암이 아닌 현무암시료를 연대측정에 사용한 것은 잘못된 것으로 방사성연대측정법을 적용할 수 없다고 결론 내려졌습니다.

지금까지 그랜드캐니언의 지질조사에 의해서 밝혀진 지질관계로부터 카디나스 현무암과 고원용암류의 지질시대는 각각 선캄브리아시대와 신생대에 속한다고 결론 지워집니다. 따라서 창조과학에서 방사성동위원소에 의한 연대를 믿지 못할 뿐 아니라 허구라고 부정하는 것은 잘못된 인식 때문인 것입니다.

이상 설명한 바와 같이 오랜 기간 동안 연구와 실험을 거쳐서 발전해온 결과 확립된 방사성동위원소에 의해서 측정된 45억5000만 년이라는 지구의 연령에 대해서 창조과학에서 단지 성서에 기술된 6000년과 노아의 홍수 이야기만을 내 세워 반박 부정하는 것은 과학적 입장에서는 도저히 받아드릴 수 없는 것입니다.

제8장

젊은 지구의 증거가 된다는 또 다른 창조과학의 세 가지 주장과 반론

제8장

젊은 지구의 증거가 된다는 또 다른 창조과학의 세 가지 주장과 반론

8-1. 저콘 속의 헬륨의 문제

주장: 창조과학에서는 다음과 같은 논리를 펴고 있습니다. 저콘(zircon $ZrSiO_4$) 속에는 약 58%의 헬륨(He)이 잔류하고 있음이 알려져 있다. 저콘 중에 함유 되어있는 방사성 우라늄인 ^{238}U는 다음 화학식 $^{238}U \rightarrow {}^{234}Th \cdots \rightarrow {}^{4}He$ 과 같이 붕괴하여 생산되는 He을 방출하므로 만일 저콘이 생성된 지 수천만 년 내지 수억 년이 됐다면, ^{4}He이 저콘 속에 상당량 존재할 수 없다. 따라서 저콘의 나이는 매우 젊다는 증거이다.

반론: 창조과학에서 예를 들고 있는 저콘이 어떤 암석에 포함되어 있었는지 그리고 그 암석이 어떠한 생성과정과 냉각과정을 거쳐서 현

재에 이르고 있는지에 대한 충분한 검토는 이루어지지 않고 있습니다. 따라서 정체불명의 저콘에 포함된 He의 잔류량 만을 가지고 이 저콘이 매우 젊다고 하는 주장은 엉뚱한 발상이며 또한 이를 근거로 저콘을 함유하고 있는 암석은 젊으며, 따라서 지구는 젊다는 비약적인 논리는 성립될 수 없습니다.

광물내의 방사성 우라늄 U-238 이 붕괴하여 생산되는 He은 매우 작고 가벼워서 광물 밖으로 빠져나가는 것은 사실입니다. 그러나 그 암석이 놓인 지하에서의 온도조건 즉, 높은 온도하여서는 He이 빠져나가지만, 낮은 온도에 이르면 쉬 빠져나가지 못하고 결국 광물 내에 잔류하게 됩니다. 이 온도를 폐쇄온도(閉鎖溫度)라고 합니다.

그럼으로 그 암석이 장기간 폐쇄온도 조건하에 놓여 있으면 상당량의 He이 광물(저콘)내에 잔류하게 됩니다. 따라서 암석이 놓인 지하에서의 온도조건을 검토하는 것이 매우 중요합니다. 이 원리를 이용해서 그 광물을 포함하는 암석이 지하의 어느 깊이에 있었는지를 알 수 있게 됩니다.

그럼으로 이러한 원리를 이해한다면 정체불명의 저콘 하나만을 가지고 지구는 젊다고 결론짓는 엉뚱한 비약적인 발상은 광물학이나 지구화학에 대한 몰이해에 기인한다고 밖에 말할 수 없습니다.

8-2. 다이아몬드 내의 탄소 C-14의 문제

주장: 다이아몬드 내에 방사성 탄소 C-14가 존재하고 있다는 창조과학의 주장이 있습니다마는, C-14는 $^{14}C \rightarrow ^{14}N$에서와 같이 붕괴해서 ^{14}N를 만드는데, 그 반감기는 5730년이므로 5만 년이 지나면 다이아몬드 내에 포함되는 C-14의 양은 1/103 즉 0.1%로 감소하게 됩니다. 만일 다이아몬드가 지질학에서 말하고 있듯이 맨틀에서 수천 만 년이나 수억 년 전에 만들어졌다면 다이아몬드 내에 C-14가 존재할 수 없으므로 다이아몬드의 나이는 매우 젊으며 따라서 이는 곧 지구는 젊다는 증거라고도 주장하고 있습니다.

반론: 창조과학에서 주장하는 다이아몬드의 C-14에 대해서는 돌이킬 수 없는 치명적인 오류가 있습니다. 맨틀에는 C-14가 존재할 수 없고 따라서 맨틀의 고온고압하에서 만들어진 다이아몬드 내에 C-14가 존재할 수 없습니다. 그 이유는 C-14는 대기 중에서 만들어진 질소의 붕괴동위원소임으로 맨틀내에 존재할 가능성이 없습니다. 따라서 창조과학에서 주장하는 다이아몬드 내의 C-14를 측정했다는 그 자체가 매우 의심스러우며, 이를 근거로 지구가 젊다고 주장하는 것은 전연 설득력이 없습니다.

8-3. 화강암 중의 폴로늄 헤일로 테의 문제

주장: 미국의 젊은 지구를 주장하는 창조과학자인 제칠일안식일예수재림교회 회원인 물리학자인 [1]젠트리(Robert V. Gentry)는 화강암 중의 흑운모 안에 3개의 방사성 헤일로」테(Radio Halo Ring)를 갖는 폴륨(Po)-218을 발견하고 이것이 젊은 지구의 증거가 된다고 했습니다. 우라늄(U)-238이 납(Pb)-206으로 붕괴하는 과정에서는 8개의 α선(α1~α8)이 방출되므로 우라늄원소의 중심부로부터 각 α선 마다의 에너지 값에 해당하는 거리만큼에 방사성 헤일로 테 8개가 만들어지게 됩니다. 따라서 방사성 헤일로 테의 개수를 알면 그 중심부에 어떤 방사성동위원소가 있었는지 알 수 있게 됩니다.

젠트리는 캐나다의 선캄브리아시대의 화강암을 비롯한 수많은 시료를 [2]「원시화강암(Primordial Granite)」이라고 주장하고 있습니다. 그는 이들 시료를 분석실험하고 현미경관찰한 결과, 흑운모 중에 3중의 헤일로 테를 갖는 폴로늄(Po)-218(그림 29)이 고립돼서 화강암 중에 나타난다는 것을 알아 냈습니다. 이로부터 그는 이 화강암이 식어서 결정화되기 직전에 존재했던 폴로늄이 결정화된 직후에 붕괴해서 헤일로 테를 형성된 것이라고 주장했습니다.

폴로늄-218의 반감기는 3분에 불과해서 30분이 지나면 소멸되어야

1 Gentry, Robert V., 1992, Creation's Tiny Mystery, Earth Science Associates, Knowville, TN, 3rd Edition.

2 Primordial Granite는 지구생성 초기에 만들어진 화강암.

함으로 첫 번째 헤일로 테는 30분 이내에 만들어진 것이다. 따라서 화강암이 식어서 굳어지는데 가령 수만 년 아니라 한시간이 걸렸다고 하더라도 폴로늄-218은 화강암내에 헤일로 테를 남길수가 없게 된다. 더욱이 폴로늄-214의 경우는 그 반감기가 0.000164초이어서 그로부터 유래된 헤일로 테를 결정체 내에 남기기 위해서는 화강암의 생성이 매우 짧은 시간안에 이루어지지 않으면 불가능하므로 이러한 사실은 지구의「원시화강암」이 성서의 창세기에 기록된 대로 신에 의해서 한 순간에 만들어졌다는 증거라고 젠트리는 주장하고 있습니다.

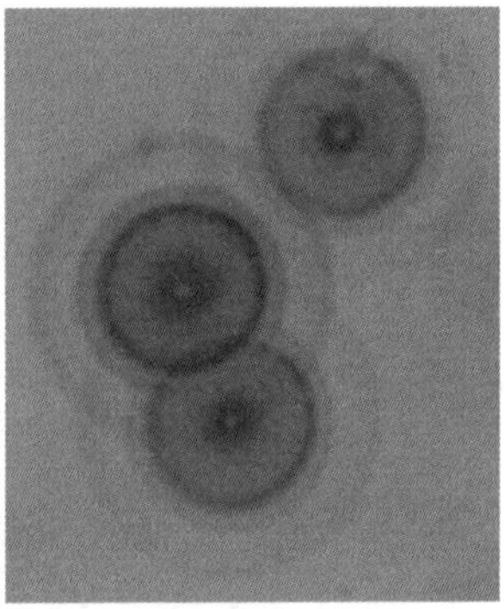
그림 29. Po-218 Radio Halo Ring

반론: 젠트리의 가설에 대해서 [3]블로울리(Brawley, 1992)와 [4]코린스(Collins, 1997)들은 다음과 같은 반증을 들고 있습니다. 그들은 많은 동심원성의 헤일로가 호스트 운모내의 눈에 보이는 갈라진 틈을 따라서 줄지어 있는 것에 주목했습니다.

이와 같은 파손은 운모결정에는 흔히 존재합니다. 미세한 갈라진 틈은 라돈(Rn)-222의 급속한 이동과 농축이 일어날 수 있는 도관 역할을 할 수 있습니다.

라돈-222는 폴로늄에 이르는 연속붕괴과정의 도중에 만들어지는 우라늄-238의 가스 상의 딸 원소 생성물로 그 자체가 α입자 방사체인 라돈-222는 3.82일의 반감기를 가지며 어머니원소인 우라늄으로부터 연

3 Brawley, John, 1992, "Evolution's Tiny Violences: The Po-Halo Mystery: An Amateur Scientist Examines Pegmatitic Biotite Mica", Talk.Origins Archive.

4 Collins, Lorence G., 1997, "Polonium Halos and Myrmekite in Pegmatite and Granite.

속적으로 생성됩니다. 이것이 갈라진 틈을 연해서 정체하게 되면 젠트리에 의해서 제기된 폴로늄의 헤일로와 똑같이 됩니다. 라돈의 α붕괴 에너지의 크기는 폴로늄-210의 그것에 매우 가깝기 때문에 일반적으로 두 개의 헤일로의 구조의 구분은 불가능합니다.

결론적으로 젠트리의 폴로늄 헤일로 테 가설은 모든 테스트에 실패하거나 결정적이지 못합니다. 또한 젠트리의 전체 논문은 복합적인 가정에 기초하고 있으며, 운모 내 동심원의 헤일로가 폴로늄 동위원소의 붕괴로 인한 알파 입자에 의해 고유하게 발생한다는 것을 증명하지 못하고 있습니다.

그리고 그의 샘플은 지구 최초의 지각의 "원시적" 암편이 아니고 광범위하게 재 활성화된 암석들입니다. 따라서 폴로늄 헤일로에 의한 젊은 지구에 대한 가설은 지구과학분야에서 축적된 모든 증거가 지구의 장구한 시간을 결정적으로 나타낸다는 사실과는 크게 모순됩니다.

젠트리의 폴로늄 헤일로가설에 대해서는 블로울리와 코린스의 폴로늄 헤일로에 대한 반증을 든 논문 외에,[5]웨이크필드 · 위일커슨의 폴로늄 방사성 헤일로의 지질학적환경과 [6]쿠반의 폴로늄 방사성 헤일로에 대한 근거 없는 창조과학의 주장, [7]콜린스의 폴로늄 헤일로의 기원, [8]베일률(Baillieu)의 폴로늄 헤일로에 대한 반론 등에서 다음과 같이 반론하고 있습니다.

---

5 WAKEFIELD, RICHARD and GREGG WILKERSON. GEOLOGIC SETTING OF POLONIM RADIOHALOS.

6 Kuban, Glen, 2006-2013. Unfounded Creationist Claims about Polonium Radiohalos.

7 Collins, Lorence G. and Barbara J Collins. Origin of Polonium Halo. SEP-OCT 2010 REPORTS

8 Baillieul, Thomas A. . "Polonium Haloes" Refuted) Copyright © 2001-2005.

젠트리는 그가 연구한 시료 중, 캐나다 온타리오주에 있는 크레이터(Crater) 광산과 화라대이(Faraday)에서 채집된 두 개의 시료를 제외하고는 그 외의 많은 샘플을 채취한 정확한 지질학적 환경에 대한 기재를 하지 않고 있다. 그리고 운모 중의 폴로늄 헤일로는 화강암 또는 화강암 유형의 암석에서만 발견되며 인접한 다른 조성의 암석 내의 운모에서는 발견되지 않으며 또한 폴로늄 헤일로는 교대작용에 의해서 형성된 [9]미르메카이트(myrmekite)를 함유하는 화강암에서만 발견된다는 특징이 있음을 강조하고 있습니다.

또한 이들 포로늄 헤일로가 발견되는 시료들은 때로는 화석을 함유하는 퇴적암(Collins, 1988a, 1997a, 2000; Wakefield, 1988a, 1988b, 1990)의 상부를 덮고 있는 변성암이나 퇴적암을 관입한 [10]페그마타이트 암맥을 채취한 것들입니다. 폴로늄 헤일로가 존재하는 암석은 일부 화석을 갖는 퇴적암의 하부에 있는 퇴적암 보다 오래된 화강암이며, 또한 퇴적암을 관입하고 있는 퇴적암보다 젊은 화강암에서도 헤일로가 발견되고 있다는 지질학적 층서 관계로 볼 때 젠트리의 주장처럼 3분이라는 짧은 시간에 순간적으로 「원시화강암」이 만들어질 수는 없다고 반론합니다.

9 Myrmekite는 교대작용에 의해서 장석이나 석영 등 두 개 이상의 광물이 벌레 모양으로 엉켜 있는 광물의 일종.

10 화강암질 마그마가 식어가는 마지막 단계 때 만들어지 커다란 결정으로 된 암석.

제9장

충상단층(衝上斷層)에 대한 창조과학의 부정에 대한 반론

제9장

충상단층(衝上斷層)에 대한 창조과학의 부정에 대한 반론

창조과학자들은 진화론이나 지질학에는 불리하고 해명이 어려운 사항들만 들추어내어 공격하기가 일수입니다. 지질조사를 하다 보면, 오래된 지층이 젊은 지층 위에 놓여있는 역전된 지질현상에 접하는 경우가 있습니다. 그와 같은 대표적인 지질구조에 충상단층(衝上斷層 Thrust fault)과 [1]횡와습곡(横臥褶曲 Recumbent fold) 구조가 있습니다. 그림 30의 미국의 파인(Pine)산 충상단층의 경우는 고생대 말의 지층이 고생대 초 지층위에 놓여 있습니다. 창조과학자들은 이러한 지질구조에 대해서 진화론적 지질학자는 단지 자기들에게 귀중한 지질학적 계통을 지키기 위해서 「충상단층」이라는 말도 안 되고 입증도 되지 않은 개념

1 횡와습곡은 완경사로 오래된 지층이 젊은 지층을 덮어씌운 역전된 습곡구조.

을 도입하고 있다고 신랄하게 비평합니다.

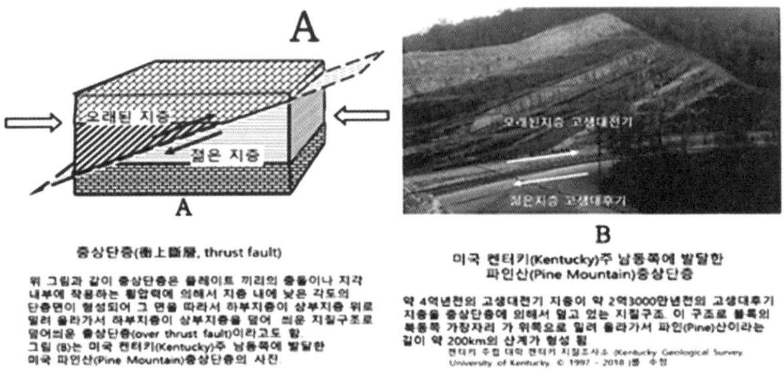

그림 30. A _ 충상단층(Thrust Fault)의 형성과정의 모식도와 B _ 파인산 충상단층(Pine Mountain Thrust Fault)사진
Beneath the Surface [Geologic Structures], Kentucky Geological Survey site. 1997의 그림을 수정하여 전재.

플레이트 텍토닉스의 장에서 개관한 바와 같이 지구표면은 여러 플레이트로 나뉘어져 있으며, 이들 판이 서로 떨어져 나가거나 서로 접근해서 충돌하는 과정에서 산맥이 형성되고 화산이 폭발분화 하거나 또는 지진이 일어나는 등 여러 가지 지구과학적 현상이 일어납니다.

그림 31(A)와 같이 해양플레이트가 대륙플레이트 밑으로 침강해 들어가는 경우의 예로는, 태평양 플레이트를 들 수 있습니다. 태평양 플레이트 서쪽은 일본열도의 밑으로 침강하고 동쪽은 미국대륙 서해안 밑으로 침강해 들어가고 있으며, 이 해안지대를 연결한 일대를 환태평양대라고 해서 화산의 분출이나 지진이 활발히 일어나고 있습니다. 그림 31(B)와 같이 대륙판끼리 충돌하는 경우는 대산맥을 형성하며, 그 예로는 히말라야산맥의 경우를 들 수 있습니다.

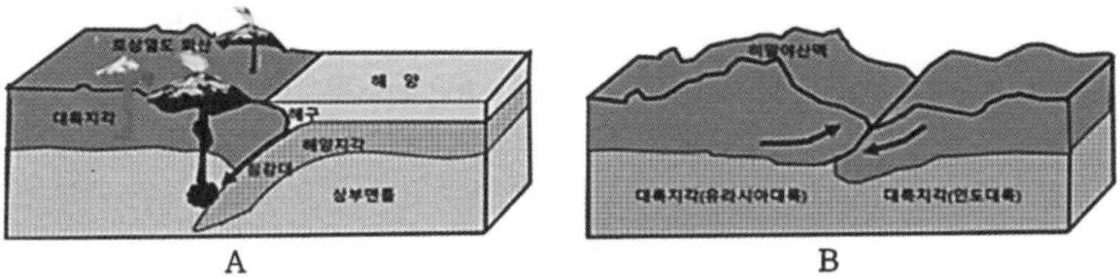

그림 31. 플레이트와 플레이트가 부딪치는 유형.
A _ 해양플레이트가 대륙플레이트 밑으로 침강. B _ 대륙플레이트끼리의 충돌.(저자제공)

약 3억 년 전에 지구 남반부에 곤드와나(Gondwana)라는 한 덩어리의 거대한 대륙이 존재하였습니다. 그 대륙의 일부분이었던 인도반도가 약 7000만 년 전에 분열해서 북상하여 약 200만 년 전에 유라시아 대륙과 충돌하였고, 더욱 북상하면서 밀어붙인 결과 지각을 휘게 하고 두껍게 만들어서 히말라야산맥이 형성되었습니다.

이와 같은 과정에서 대규모로 수평방향으로의 이동도 생기게 되며 그 결과 지각의 한 조각이 멀리 수평방향으로 수백km 이상이나 이동하게 됩니다. 또한 지각내부에서 횡압력이 작용하게 되면 지층 내부에 낮은 각도의 파단면(破斷面)인 단층이 발달하게 됩니다. 그렇게 되면 그 파단면을 따라서 하부 지층이 상부 지층 위로 밀려 올라가서 하부지층이 상부지층을 덮어씌우게 됩니다. 이때의 지층의 이동 거리는 수백 km 이상이 되고 산계(山系)를 형성하기도 합니다.

이러한 플레이트끼리의 충돌에 의해서 형성된 산악지대는 마치 아코디언의 주름 잡힌 풀무처럼 주름이 겹쳐져서 습곡(褶曲, folding)되는데 이러한 지대나 산맥을 습곡지대 또는 습곡산맥이라고 합니다. 이러한 습곡산맥은 주름 잡혀 있기 때문에, 그 이전에 넓은 심해저에 평평하게 쌓여 있던 퇴적층들이 습곡 되어 높은 산 위로 밀려 올라와서 존재하기도 하는데, 이런 경우, 종이장을 구기면 면적이 좁아지듯이, 그 분포면적은 그 전의 넓은 심해저에 퇴적됐을 때의 면적에 비해서 훨씬 좁아져서 분포하게 됩니다. 또한 때로는 대산맥의 높은 곳에, 심해저 해령에서 분출한 용암이 바닷물에 급속히 냉각되어 만들어진 베개모양의 독특한 형태의 침상용암(枕狀熔岩)의 암괴가 발견되기도 합니다.

창조과학에서 논쟁의 대상으로 삼고 있는 [2]루이스 충상단층(Lewis Overthrust Fault 그림 32)은 미국 몬태나주의 빙하국립공원과 캐나다 알버타주의 워터톤 호수(Waterton Lakes) 부근에 있는 지질구조의 하나입니다.

[3]윗콤과 모리스(Whitcomb and Morris)는 단층면은 거의 수평상태이며 두 개의 지층은 서로 정합적이어서, 강력한 힘에 의해서 하부지층이 상부지층 위로 밀려 올라간 증거가 될 파쇄면 등의 존재가 확인되지 않고 있어서 충상단층이라는 개념은 파기되어야 한다고 주장합니다. 그러나 파쇄면의 존재를 어떻게 조사확인 했는지에 대해서는 구체적인 언급이 없습니다.

그러나 그림 32에서 보는 바와 같이 약 10억 년 전의 선캄브리아시대의 석회암층이 불과 9000만 년 전의 화석을 포함하는 백악기의 셰일층을 덮어씌우고 있는 지질학적 사실이 확인되고 있습니다.

이러한 구조는 루이스 충상단층뿐 아니라 세계 여러 곳에서도 충상단층으로 해석되는 지질구조가 많이 발견되고 있습니다. 우리나라에도 구 단양읍에서 영춘 가는 국도 좌측 연변에 흐르는 아름다운 남한

---

2 Mudge, Melville R. and Robert L. Earthart, 1980. The Lewis thrust fault and related structures in the disturbed belt, northwestern Montana. Geological Survey Professional Paper 1174.pp. 12-31.

3 Whitcomb, John C., and Morris Nenry M. 2011. P&R Publishing. P. 185-187.

강 강가의 노두에, 고생대의 조선누층군의 석회암층이 중생대의 대동 누층군의 층을 덮고 있는 충상단층의 지질구조가 발견됩니다. 이러한 역전된 지층의 지질연대는 각 지층에서 산출되는 화석이나 방사성연대로 확인되고 있습니다.

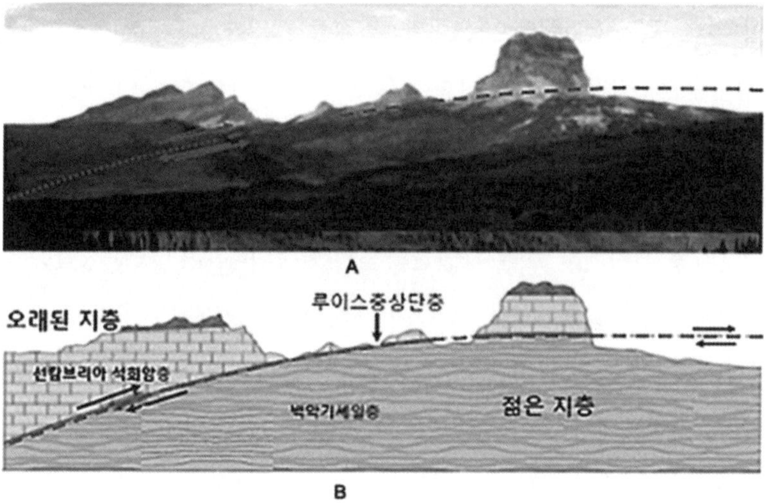

그림 32. 미국 몬타나주 루이스충상단층의 사진 A과 단면도 B
Modified from Lewis Thrust Montana, Mountain Building and Land Faults Published 2017를 수정 보완.

충상단층은 당초 고생물학자들이 오래된 지층이 새로운 지층위에 놓이게 된 이상한 현상에 대해서, 위 아래 지층에서 산출되는 화석의 연대로부터 충상단층이라는 개념을 내놓은 것입니다. 그러나 이러한 지질학적 현상 즉, 지층이 대규모로 이동한데 기인한다는 것을 증명하는데, 고생물학적인 방법 이외에 무엇이 더 있을까요?

이탈리아에 살았던 17세기의 스테노는 지각을 이루고 있는 암석의 대부분은 모래, 점토, 석회 그리고 그 외에 미세한 입자로 구성되어 있다고 생각했습니다. 그리고 그는 이러한 입자는 하천의 흐름에 의해서 호수나 바다에 운반되고 그것이 그러한 장소에 쌓이고 있는 것은 오늘날도 볼 수 있음을 알고 있었습니다.

스테노는 이러한 기본적인 관찰 로부터 「지층누중의 법칙」의 근원이 되는 결론을 이끌어 냈습니다. 퇴적층은 입자가 퇴적함으로써 만들어지는데, 먼저 아래의 지층이 형성되고 그 위의 층은 아래층이 굳어진 다음에 그 위에 쌓인 것이라고 해석했습니다. 즉, 위의 층이 만들어진 시기는 아래층보다 새롭지 않으면 안 된다는 것이었습니다.

이러한 견지에서 보면 파인산의 충상단층이나 루이스 충상단층을 구성하는 지층들의 층서는 위층이 아래층보다 오래된 지층으로 상하층의 연대가 뒤 바뀌어 있어서 분명히 누중의 법칙에 어긋난 층서입니다. 지질학에서는 이를 역전층서 또는 역전구조라고 합니다. 이러한 구조는 앞에서 설명한 충상단층 또는 덮어씌운 단층(Overthrust fault)이라고 하며 세계 여러 곳에서 그 존재가 지질학적으로 확인되고 있습니다.

플레이트끼리의 충돌과 같은 대규모의 지각변동이 일어나는 경우는 그 지층에 어떠한 형태로든 직접적인 증거를 지층 속에 기록하게 됩니다. 두 개의 지층사이에 파쇄대의 엷은 층의 존재, 지층 내에 변형작용에 의해 기록된 미세구조 그리고 지층내의 퇴적구조 등으로부터 지층의 역전 유무 등 변형구조를 해석하게 됩니다.

제10장

인간과 공룡(恐龍)이 공존했었다는 창조과학의 주장과 반론

제10장

인간과 공룡(恐龍)이 공존했었다는 창조과학의 주장과 반론

10-1. 공룡(Dinosaurs)

세계에서 처음 발견된 공룡은 1820년에 영국의 의사 맨텔(Gideon Algernon Mantell, 1790-1852)에 의해서 발견된 화석인 이구아노돈(Iguanodon)의 이빨이라고 알려져 있습니다. 그 화석이 발견되었을 당시는 공룡이라는 동물의 존재가 알려져 있지 않았기 때문에 그는 그 화석을 자세히 조사한 결과 현생 이구아나(Iguana)의 이빨과 비슷해서 이구아노돈의 이빨이라고 1825년에 발표했습니다.

그리고 1824년 영국 웨스트민스터 사원 사제장이고 옥스퍼드대학 지질학교수인 버클란드(William Buckland, 1784-1856)가 발견해서 보고한

메갈로사우루스 (Megalosaurus)도 그 때까지는 대형 도마뱀목(目)으로 생각했습니다.

그 후 1941년에 영국의 해부학자인 오웬(Sir Richard Owen, 1804-1892)에 의해서 히라에오사우루스 (Hylaeosaurus, 1832), 데코돈토사우루스 (Thecodontosaurus, 1836), 플라테오사우루스 (Plateosaurus, 1837)등 많은 같은 종류가 발견되었고, 오웬은 무서운 도마뱀이라는 디노사우리아 (Dinosauria 공룡아목)라는 명칭을 쓰도록 하자고 제안했습니다. 이것이 공룡이라는 말의 시초입니다. 그 후 공룡 아목은 공룡 목으로 승격했습니다.

오웬에 의해서 주어진 「디노사우르(Dinosaur)」라는 말은 그리스어의 무섭다는 「Deinos」와 도마뱀이라는 「Sauros」의 합성어이며, 공포의 거대한 도마뱀이라는 뜻입니다.

공룡은 그림 33에서 보는 바와 같이 크게 고용각류(古竜脚類)와 용각류(竜脚類)로 나뉘는데, 고용각류는 트라이아스기 후기인 약 2억3000만 년 전에 지구상에 나타나서 쥐라기 말인 약 1억7500만 년 전에 멸종한 공룡입니다. 그 가운데 초식 고용각류의 대표적인 것은 프라테오사우루스(Plateosaurus) 공룡입니다.

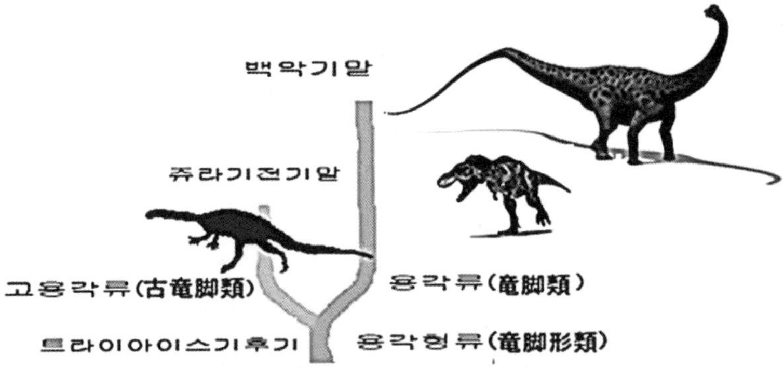

그림 33. 용각형류 공룡의 갈라짐과 생존시기.
http://dinosaur-fan.net/naruhodo/news/14/.

용각류 공룡들은 유사 이래 최대의 육상 동물이며, 트라이아스기후기에 출현하여 쥐라기에는 광범위하게 번성하였으며, 약 6600만 년 전 백악기 말기에 멸종할 때까지 지구상에 군림하며 지배해 왔습니다. 그리고 용각류(竜脚類)들 가운데, 네발로 걷는 사족보행(四足歩行)의 공룡 종류에는 아르헨티노사우루스 (Argentinosaurus) 공룡과 같이 몸길이 40m에 몸무게는 100톤 가까운 초대형의 공룡이 발견되고 있습니다.

아르헨티노사우루스 이외의 대형 용각류로는 디플로도쿠스(Diplodocus), 푸탈로근코사우루스 (Futalognkosaurus), 암피코엘리아스(Amphicoelias), 부르하스카요사우루스(Bruhathkayosaurus) 그리고 투리아사우루스(Turiasaurus) 등을 들 수 있습니다.

이 들은 지구상에 존재했던 육상동물 중에서도 가장 컸던 것으로 생각되고 있습니다. 이 용각류는 매우 긴 목과 꼬리를 가지고 있는 것으로도 알려져 있으며, 이 긴 목은 고대의 식물이 얼마나 높고 크게 자라고 있었냐는 증거일 뿐 아니라 이들 식물 종은 지구상에 존재했던 육상식물 가운데 가장 컸던 것으로 생각되고 있습니다.

대형 육식공룡으로는 티라노사우루스(Tyrannosaurus), 타르보사우루스 (Tarbosaurus), 기가노토사우루스(Giganotosaurus) 그리고 스피노사우루스 (Spinosaurus) 등이 있는데 그 중에서 스피노사우루스는 육식공룡 중 가장 몸집이 크며, 공룡계의 폭군이라 일컬어지는 몸길이 최대 15m에 몸무게 최대 6t에 이르는 티라노사우루스보다도 몸집이 훨씬 더 커서 몸길이는 최대 20m, 몸무게는 9t 이상에 달했다고 합니다. 우리는 공룡 하면 몸집이 매우 큰 것 만을 연상하지만, 헤스페로니쿠스(Hesperonychus)와 같이 몸높이가 약 50cm, 몸무게는약 2kg 정도인 몸집이 작은 육식 공룡도 존재하고 있었습니다.

10-2. 공룡의 절멸

디즈니 영화 「판타지아(Fantasia)」는 벤 샤프스틴(Ben Sharpsteen)이 감독하고 레오폴드 스토코프스키(Leopold Stokowski)의 지휘로 피라델피아 관현악단이 연주하고 있습니다. 연주되는 악곡의 프로그램은 첫 번째 곡인 J. S. 바흐의 〈토카타와 후가 D단조〉로 시작해서 여덟 번째 곡인 슈베르트의 〈아베마리아〉에서 끝맺음을 하는데, 네 번째의 곡인 스트라빈스키의 〈봄의 제전〉에서는 지구창세기로부터 생명의 탄생 그리고 공룡시대의 파충류들의 절멸까지 그려져 있습니다,

스트라빈스키의 곡〈봄의 제전〉이 흐르는 가운데, 공룡들이 점점 메

말라가는 황폐한 지구상에서 허덕이면서 죽어가고 있는 그림 34의 장면에서 보는 것과 같이 공룡이 절멸의 위기에 처한 처참한 상황을 묘사하고 있어서, 공룡에 대한 큰 호기심을 가진 많은 어린이들에게 실망과 안타까움을 안겨줍니다.

공룡을 주제로 한 소설이나 영화는 여러 가지 나와 있는데, 그 중에는 셜록 홈즈가 주인공으로 등장하는 추리소설로 유명한 코난 도일(Sir Arthur Ignatius Conan Doyle, 1859-1930)이 1925년에 출판한 소설「잃어버린 세계 (The Lost World)」가 유명하며 영화로도 제작되었습니다.

그리고 마이클 크라이튼(Michael Chrichton, 1942-2008)이 1990년에 출판한 소설「쥬라기공원(Jurassic Park)」을 바탕으로 영화감독 스티븐 스필버그 (Steven Allan Spielberg)가 제작한 스펙터클한 충격과 스릴 넘치는 감동적인 영화도 유명합니다. 그리고 2015년에 영화「쥬라기 월드(Jurassic World)」도 제작 상연된 바 있습니다.

그림 34. 판타지아의 번성했던 공룡들이 메마른 황폐한 지구상에서 허덕이다 죽어간 모습의 장면. (저자가 복합편집함)

전지질시대를 통해서 알려진 생물의 대량 절멸(mass extinction) 가운데 제일 큰 절멸 사건은 지금으로부터 약 2억5천만 년 전의 페름기말에 일어났습니다. 당시 수백만 년이라는 단기간에 바다생물 과(科, family)의 반수에 해당하는 생물이 사멸했습니다. 그리고 두 번째가 거대 파충류의 절멸로 중생대 트라이아이스기(약 2억4500만 년 전에서 1억8000만 여년 전까지의 지질시대)에 나타나 중생대를 통해 번성하고 다양한 형태와 습성으로 적용 확산되어 육상동물로는 매우 거대하게 되었으나, 약 6600만 년 전 백악기와 신생대 경계에 이르러 돌연히 절멸한 사건입니다. 이때는 생물의 과의 25%가 멸종했으며, 육상에 군림했던 공룡과 그 일족은 일소(一掃)되었습니다. 이러한 대량 절멸의 원인은 오랫동안 지질학 연구자가 탐구해 온 큰 수수께끼로 주목을 끌어왔습니다.

1970년대 말 버클리의 캘리포니아대학의 노벨 물리학 수상자인 루이스 알바레즈(Luis Alvarez) 교수와 지질학자인 그의 아들 W. 알바레즈(Walter Alvarez) 교수 등의 연구팀은 일 년에 낙하하는 우주진의 양을 추정하기 위해서, 이탈리아의 구비오(Gubbio) 마을 부근의 중생대 백악기와 신생대 초의 경계부(K/T, 그림 35)에 협재 된 약 6천5백만 년 전의 진흙층에 대한 이리듐의 함량조사를 실시하였습니다.

조사결과 이리듐의 함량이 이상적으로 매우 높다는 사실을 발견하였습니다. 이리듐은 지각 중에는 양이 매우 적은 원소입니다. 그 이유는 지구가 핵, 맨틀 그리고 지각으로 분화할 때, 이리듐은 철과 화합하기 쉬운 원소이기 때문에 거의 다 핵속으로 들어가 버렸기 때문입니다.

알바레즈 등은 이 진흙층의 이리듐의 함량이 상 하층에 비해서 수십 내지는 백배 가까이 높은 사실을 알게 되었습니다. 그 원인을 규명한 결과, 그 진흙 층 내의 이리듐은 거대 운석의 충돌에 의해서 유래된 것이라고 결론지었습니다.

그들은 세계중의 K/T 경계부의 지층 중에는 어느 곳이나 이리듐의 함량이 매우 높다는 사실을 알게 되었고, 이로부터 지층 중의 이리듐의 양을 계산하고 어떤 종의 운석 중에 포함되는 양과 비교하였습니다. 이렇게 해서 거대 운석의 질량을 약 1조 톤(10^{15}kg)으로 추산하였습니다. 이것은 직경 약 10km 정도의 소행성의 크기에 필적합니다. 이 정도 크기의 거대 운석이 지구에 충돌하면, 약 100km가 넘는 거대한 운석공이 만들어지고, 그 결과 지구를 흔들리게 할 정도의 충격을 주게 됩니다. 지진과 비교하면 규모 10을 훨씬 능가하는 충격입니다.

1980년 알바레즈들은 6천6백만 년 전에 일어났던 공룡을 포함한 생물의 대 절멸은 이 거대 운석의 충돌에 기인한다는 거대한 시나리오를 [1]사이언스지에 발표하였습니다. 이후 6천6백만 년 전에 운석에 의해서 만들어졌을 환상(幻想)의 운석공을 찾는 일이 10년 이상 계속되었고, 그 결과 1991년 직경이 약 200km에 달하는 대운석공이 멕시코의 걸프만에 접한 유카탄(Yucatan)반도에서 발견되었습니다.

직경 10km 정도의 거대 운석이 초속 수십km의 속도로 지구에 충돌하면, 그 충격은 두께 30km의 지각을 뚫고 맨틀까지 영향을 미치게 되어, 지각의 암석은 순간적으로 증발하여, 먼지와 함께 지상 40km의 높이까지 달하여 두꺼운 먼지층이 전지구를 덮게 됩니다. 그 결과 지표에 도달하는 태양에너지는 식물이 광합성을 할 수 없는 수준까지 낮아지는 등, 지구환경에 대변화가 일어나서 생물의 절멸에 이어지게 됩니다.

따라서 지금까지 풀리지 않았던 중생대 기간 중 지구를 지배했던 공룡과 그 일족의 중생대말의 절멸은 거대 운석의 충돌에 의한 것으로

---

1 Alvarez, L. W. et al., 1980. Extraterrestrial causes for the Cretaceous-Tertiaryextinction. Science. 208. p. 105-108. HALL.

설명되고 있습니다.

이외에 백악기말의 생물의 대량 멸종의 원인으로는 백악기 말의 인도 데칸고원의 대량화산 분출에 의한 지구환경변화와 백악기 말의 해수면이 급격히 낮아짐으로 해서 해안선이 후퇴하여 해양생물의 주 서식지인 대륙붕이 육지화 되어 지구환경의 변화가 일어났다는 주장들이 있으나, 대운석 충돌설이 가장 설득력이 있으며 다이내믹합니다.

읽을거리 8: 공룡 멸종의 단서가 된 구비오(Gubbio)

구비오는 로마에서 약 200km 북쪽에 있는 움브리아(Umbria)주의 로마 시대의 고도시로 알려져 있습니다. 이 마을에서 북으로 약 2km 부근에 형성된 보타치오네 협곡(Bottaccione gorge)에는 석회암층이 분포합니다. 이 석회암층내에서 발견된 백악기 말과 신생대초의 K/T 경계부에서 앞서 말한 점토 층에서는 이상적으로 높은 함량의 이리듐이 발견되어 세계적인 주목을 끌고 있습니다. 저자는 이곳에 분포하는 석회암층과 층 내에 발달한 K/T 경계부를 조사하기 위해서 2018년 7월 17일 이 곳을 찾았습니다. 이 때 K/T 노두에 접한 길 건너에 있는 레스토랑(그림 A)에 들렸는데, 식당 주인으로부터 루이스 알바레즈 교수와 아들 월터 팀이 K/T 경계부에 협재 된 진흙층의 시료를 채취했던 정황 등을 전해 들었습니다. 제가 이곳을 찾았을 때는 루이스 알바레즈 교수는 이미 사망한 후였습니다. 레스토랑 주인(사진 35 B)은 루이스 교수 아들을 "아미고(amigo) 월터"라고 부르면서 서로 친한 친구 사이라고 자랑하고 있었습니다. 레스토랑에는 두터운 방명록 세권(그림 35 C)이 비치되어 있었는데, 알바레즈들을 비롯해서 세계각지에서 찾아온 사람들이 방명록에 이름과 글을 남기고 있는 것이 매우 인상적이었습니다. 그러나 공룡의 대량 절멸을 푸는 단서가 된 세계적으로 널리 알려진 이곳을 찾은 한국사람의 이름은 찾아볼 수가 없었습니다. 대신 제가 한국인으로는 처음으로 방명록에 이곳을 방문한 소감을 적고 이름을 올렸습니다(그림 35 C).

그림 35. A _ Ristorante Bottaccione 건물, B _ Beer server 중인 주인, C _ 비치된 방명록과 방문자의 기록과 필자의 기록 (오른쪽), D _ 석회암층 중의 중생대 백악기와 신생대초의 경계부(K/T). (저자제공 2018. 07.17 촬영)

10-3. 이카스톤(ICA Stone)

창조과학이 하나같이 주장하는 「인간과 공룡이 공존했다」는 허황된 이야기는 다수 알려져 있는데, 그 중의 하나에 잘 알려진 [2]이카스톤(그림 36), 통칭 [3]카브레라스톤(Cabrera stone)이 있습니다. 그 이야기에 발단은 남미 페루(Peru)의 이카(Ica) 지방에서 시작됩니다.

1961년 언제나 메말라 있던 이카강이 수십 년만의 대폭우로 범람하여 그 일대가 물에 잠기고, 갑자기 불어난 이카강의 물은 오쿠카헤(Ocucaje) 사막의 모래를 바다로 흘려 보냈는데, 이 모래 속에서 이상한 그림이 새겨진 돌들이 발견되었습니다. 발견한 사람은 그곳의 농민인 바지리오 우챠(Basillio Uschuya)였습니다.

이 돌이 기묘했던 것은 남미에서는 서생 하지 않는 동식물과 지금으로부터 6500만 년 전에 절멸했다는 공룡과 인류의 그림 그리고 천체 관측이나 외과수술의 모습 등 고도한 문명이 존재했다는 것을 나타내는 그림이 그려져 있었다는 것입니다(그림 36). 이것이 그 유명한 이카스톤, 통칭 카브레라스톤으로 알려진 돌입니다. 이 돌들은 이카 마을에서 진료소를 운영하면서 이 돌을 열심히 수집・보존해온 의사 카브레라(Javier Cabrera) 박사의 이름을 따서 붙여진 것입니다.

---

2 Swift, Dennis. Secret of the ICA Stones, and Nazca Lines. Sara Ross. 2007. The Ica Stones and Dr. Javier Cabrera. Pseudoarchaeology ResearchArchive (PARA).
Polidoro, Massimo「Ica Stones: Yabba-Dabba-Do!」『Skeptical Inquirer』(Volume26. 5, September / October 2002).

3 공룡과 인류가 공존한 증거「커브레라 스톤」(恐 と人類が共存した).
「カブレラ·ストーン」(http://www.nazotoki.com/cabrera_stones.html).

이 돌은 안산암(화성암의 일종)으로, 크기는 3 x 2.5 x 1.5cm에서 40cm로 다양합니다. 겉 부분은 풍화에 의해서 장석이 점토화 되어 푸른 녹색을 띠고 있고 광물경도계의 모스 스케일로 3~4 등급에 해당되어 쉽게 흠집이 날 수 있습니다.

1967년에 페루 마우리시오 홋호실드사(Peru Mauricio Hochschild. Inc.)의 연대 측정 결과 1만2000년 전에 만들어졌다는 보고가 있으며, 또한 2004년에 국립페루문화연구소의 카를로스 카노(Carlos Cano)가 행한 연대 측정에서도 매우 오래된 시기에 새겨진 것이라는 결과가 나와 있으나, 정확한 연대측정은 발굴현장의 지층이나 그 지층에 함유되어 있는 탄소(유기물)를 바탕으로 산출하지 않으면 안 됩니다.

그런데 이 발굴현장은 카브레라 만이 그곳 주민인 바지리오 우챠로부터 들어 알고 있었을 뿐임으로 현장을 아는 사람은 카브레라 박사와 바지리오 두 사람 뿐이었습니다. 그러나 그 두 사람은 이미 사망했기 때문에 이제는 발굴현장을 아는 사람은 아무도 없는 실정이며, 발굴현장의 존재가 한 번도 객관적으로 확인된 바가 없습니다.

그러므로 발굴현장을 알 수 없는 이상, 앞의 연대측정이 잘못되었을 가능성도 있어서, 측정된 이 돌의 연대는 1만2000년 전에 만들어진 것이 아니고 근년에 만들어졌을 가능성도 배제할 수 없습니다.

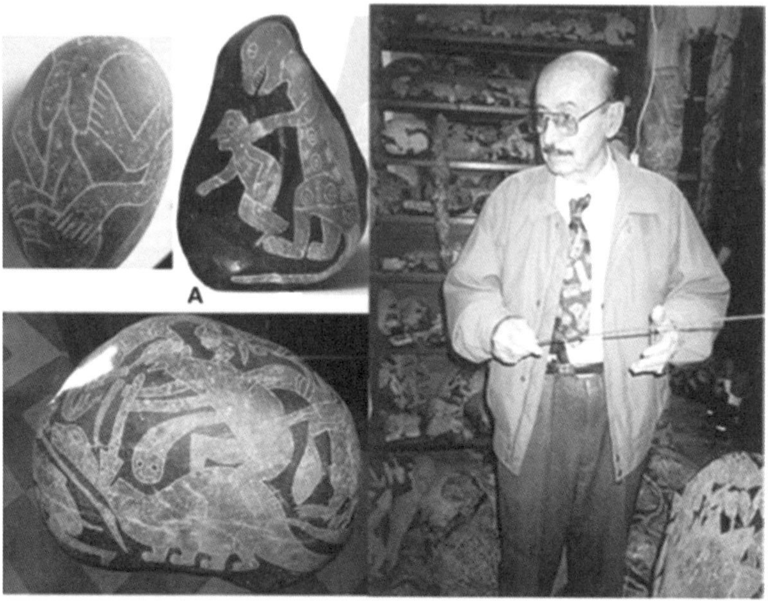

그림 36. A and B _ Ica stone (Cabrera stone) C _ Dr. Javier Cabrera Darques (1924-2001) http://www.badarchaeology.com/out-of-place-artefacts/mysterious- objects/the-ica-stones/

그런데 실은 바지리오 우챠는 1977년 영국의 BBC의 「고대 우주인 비행사의 실정(The Case of the Ancient Astronauts)」이라는 방송 프로그램에 출연해서 카브레라스톤은 자기와 처 이르마(Irma)가 만든 위조품이라고 고백하고 있으며, 또한 1973년, 에리히 폰 다니켄(Erich von Däniken)과의 인터뷰에서도 우챠는 자신이 팔았던 돌들은 가짜로 만들었다고 말했습니다. 1975년에는 아파르카나(Irma Gutierrez de Aparcana)라는 다른 농부도 카브레라에게 준 돌은 만화책, 교과서 및 잡지의 이미지를 복사하여 위조한 것이라고 시인했습니다.

1977년 BBC의 다큐멘터리 「신들의 통로」에서 우챠는 치과 의사의 훈련을 받아 이카(Ica)스톤을 암실에서 구워 푸른 녹색을 띠게 만들었다고 주장했습니다. 같은 해 BBC의 또 다른 다큐멘터리에서는 "이 돌을 만드는 것은 땅을 경작하는 것보다 쉽다"고 말하기도 했습니다.

우챠에 따르면 돌은 자기 집 근처의 산 등에서 주어 온 것을 사용했으며, 돌의 가공에는 여러 종류의 예과 끌, 칼, 및 치과 용 드릴과 같은 금속공구를 사용했다고 합니다. 또한 검은 구두약을 써서 검은 색을 내고, 당나귀나 소의 분(糞) 속에 구워서 고색창연하게 오래된 것처럼 보이게 할 수 있었다고 합니다. 이 고백은 뒷받침 되어있는데, BBC방송 프로그램 취재반이 카브레라스톤을 영국에 가져가서 런던의 지질과학연구소에 감정을 의뢰했는데, 비교적 최근에 만들어진 위조품이라는 결과가 나왔습니다.

1975년 발간된 패루의 리마잡지「Mundial」에도 이르마와 우차가 페루의 특수수사경찰에 체포되어, 문화재 도굴꾼들이 고대 인디안의 묘에서 도굴한 돌에 가짜로 조각했다는 내용과 함께 그 수법도 위에 서술된 내용과 비슷하다는 자백기사가 실리기도 했습니다.

또한 이외에도 스페인의 연구가 파리스(Vincente Paris)가 한 조사에서도 위조설이 뒷받침되었습니다. 파리스는 카브레라스톤을 자세히 조사하기 위해서 여러 번 페루에 가서 카브레라 박사나 우챠부부와 그 지방농민들을 취재하고, 4년에 걸치는 조사를 하였습니다. 그 결과 위조할 때 원료가 된 돌의 출처로부터 공구의 사용법 그리고 착색하는 방법까지 밝혀냈습니다. 그리고 가져간 카브레라스톤 자체를 면밀히 조사한 결과 위조 할 때 밑그림으로 그려진 것으로 보이는 연필자국도 발견하였습니다.

그러나 이와 같은 신빙성을 뒷받침하는 증거가 나왔어도 창조과학자들은 카브레라스톤을 진품이라고 믿고 있습니다. 즉, 돌에 새겨진 무늬나 그림을 그리는 데는 특별한 재능이나 전문지식이 필요한데, 그러한 능력을 갖지 않은 시골 농민으로서는 도저히 제작할 수가 없다고 주장합니다.

카브레라스톤에 그려져 있는 그림은 아무리 좋게 보아도 도저히 잘 그려진 것이라고는 말할 수 없을 뿐더러, 여러가지 소재도 잡지나 만화 등에 실려 있는 사진이나 그림으로부터 베끼면 되는 것들입니다. 그 중에는 최근 만들어진 자동차의 그림이나 올챙이처럼 변태해서 성장한 공룡의 그림과 같은 분명히 우스꽝스러운 소재의 것들이 포함되어 있는 경우도 있다고 합니다.

페루에서는 위조품도 많이 나돌고 있으며, 농민들 가운데에도 위조품의 제조나 판매에 손대고 있는 사람도 있어서, 카브레라스톤도 우챠부부 뿐만이 위조하고 있던 것은 아니고 다른 농민들도 가담했던 것으로 추측되고 있습니다.

실제로, 우챠는 위조할 때 만화, 잡지, 교과서, 신문 등에 실려 있는 그림을 본보기로 했다고 말하고 있습니다. 더욱이 파리스가 페루의 박물관을 방문했을 때 카브레라스톤에 새겨진 그림과 매우 닮은 전시품을 여러 개 보았다고 합니다. 박물관관장의 말에 의하면, 농민들이 자주 와서 노트에 베껴 쓰고 있었고 이것을 본떠서 돌을 위조하여 관광객이나 홍미를 갖는 사람들에게 팔고 있었다고 합니다.

카브레라스톤을 지지하는 사람들과 창조과학자에 의해서 이 돌들이 인간이 공룡과 함께 살았다는 증거로 사용되어 왔으며, 허무맹랑하게

도 아직도 인간과 공룡이 공존하였다는 강력한 증거라고 내 세우고 있습니다. 그러나 이 허황된 주장은 공룡의 멸종이 인류보다 약 6천5백만 년이나 앞섰다는 지질학적 증거와는 크게 모순되는 주장입니다.

커슈너(Kate Kershner)는 「이카스톤」은 믿을 만한 것인가?(Are the Ica stones authentic?) 라는 논평에서 농민과 카브레라의 주장은 과학적증거의 테스트에 합격치 못했으며, 아마도 손 작업에 의해서 만들어진 위조 제품으로서 과학적 또는 학술적으로 그 정당성이 인정되지 않는다고 말합니다.

아래 글은 직접 현지 방문해서 카브레라스톤에 관해서 취재한 일본의 작가 이자 초상현상(超常現象) 연구가인 [4]미나미야마(南山宏 1997)의 초고대문명론에 실린 내용입니다.

저는 되도록이면 자기 스스로 직접 현지 취재해서 판단하도록 하고 있습니다. 그 중에는 현지 취재까지 했지만 아무래도 미심쩍어서 기사화 하지 않은 [5]오파쓰(Ooparts)도 있습니다. 그러한 미심쩍은 것까지 기사화해서 실으면 다른 것까지도 가짜라고 생각될 것 같아서 입니다.

최근 문예춘추(文藝春秋, 일본의 월간잡지)가 「이카(ICA) 무늬가 새겨진 돌에 감추어진 미스터리」라는 책을 출판했는데, 이것은 페루의 이카라는 마을에서 발견된 이상한 무늬가 새겨진 크고 작은 무수한 돌의 이야기입니다. 새겨진 무늬에는 공룡이라든가 태고적 지구의 지도 등이 그려

4 高橋克彦・南山宏. 超古代文明論 　間書店(2001), (恐 と人類が共存した「カブレラ·ストーン」(공룡과 인류가 공존한 증거「카브레라스톤」) p.79-81.

5 오파쓰(OOPARTS)는「out-of-place artifacts」의 약지인데, 우리나라 말로는「장소와 시대에 걸맞지 않는 공예품」또는「시대착오적인 공예품」으로 번역되는데, 보다 넓은 의미로는 고대 벽화나 유물 등도 포함됩니다.

져 있어서, 인류와 공룡이 공존하였었음을 나타내는 오파쓰라고 화제가 되고 있는데, 실은 그 돌에 관한 내용이 아무래도 미심쩍었습니다.

지금으로부터 약 20년 전이었습니다만, 이러한 무늬가 새겨진 돌을 현지까지 조사하러 갔었고 이 돌을 수집하고 있는 카브레라 씨를 직접 만나 취재했습니다. 그런데 왜 의심스러운 가하면, 우선 발굴한 경위가 불확실했습니다. 카브레라 씨는 농민이 채굴해온 돌을 사기만 했던 것입니다. 진열된 돌에는 보통의 자동차가 그려진 것도 섞여 있었습니다. 그래서 「아무리 그래도 이것이 고대의 것입니까」하고 물으니 「이것은 가짜입니다」라고 하면서 그것을 깨 보이는 것입니다. 그리고 깬 것의 표면을 가리키면서 「가짜는 이렇게 물감이 겉의 얕은 부위에만 스며들어 있어서 곧 알 수 있습니다」라고 애써 힘주어 설명하는 것입니다. 진짜라는 것은 깨어 보이지도 않았습니다. 따라서 그것도 비교해서 확인할 수는 없었습니다. 그렇게 해서 공룡이나 고대의 지도 등 진품인 듯한 모양의 것만 남기고, 자동차가 그려져 있는 것과 같은 것 만을 위조품이라고 하면서 깨 보이는 것이었습니다.

실은 저도 그때 기념으로 받은 이카의 무늬가 새겨진 돌을 하나 가지고 있습니다. 계란 두 개 정도 크기의 딱딱한 껍질을 가진 공룡 같은 그림이 그려진 것으로 이것은 진짜입니다 하고 장담하고 있었습니다. 저도 기념이 되는 것이기 때문에 아까워서 깨 보지 않고 있습니다.

카브레라스톤이 날조된 위작품이라는 설은 영국에서 있었던 20세기 과학계를 뒤 흔들었던 희대의 조작사기극 「필트다운 인(Piltdown Man)(읽을거리 9 참조)」을 연상케 합니다.

읽을거리 9: 필트다운 인

필트다운 인(Piltdown Man)은 영국에서 20세기 초 과학계 및 고생물학계에서 최대의 날조 사기극으로 알려져 세계를 놀라게 한 사건입니다. 찰스 도슨은 1912년 이스트서식스죠의 필트다운(영어: Pulldown)에서 현생 인류 이전의 인류 화석을 발견했다고 보고하였습니다. 발견관계자는 아래 왼쪽 그림에 실려 있습니다. 발견되었던 당시부터 조작이라는 주장이 제기되었으나 대영박물관의 지질학 담당이었던 아서 스미스 우즈워드가 이를 인정하여 학계에 보고하였고「Eoanthropus dawson (도슨이 발견한 최초의 인간)」이란 학명을 부여 받았습니다. 1953년 이 뼈들이 사실은 현생 인류의 머리뼈와 오랑우탄의 아래턱뼈, 그리고 침팬지의 송곳니로, 누군가가 이것을 짜 맞추어 위조한 것이 밝혀졌습니다(오른쪽 그림).

1953년까지 '필트다운 인'은 잃어버린 고리 즉 인류가 유인원에서 진화했다는 결정적인 고고학적 증거로 널리 인용되곤 했습니다. 필트다운 인 화석의 주요 특징은 현대인의 두개골에 비해 다소 작을 뿐 매우 유사한 진화론적 특징을 지녔고, 하악골은 어린 침팬지와 흡사했으며, 당시 고인류학계의 주류 가설은 인간의 두개골이 먼저 커진 뒤 직립보행을 시작했다는 것이었고, 필트다운인 화석은 그 가설을 입증하는 주요 증거가 되었습니다.

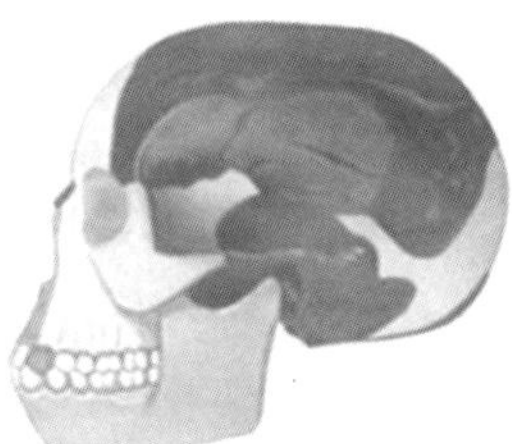

그림. 필트다운인 관계 사람들과 뼈 복원도
https://en.wikipedia.org/wiki/Piltdown_Man에서 전재.

그 화석이 기짜일지 모른다는 의혹은 발표 직후부터 잇따라 제기됐지만 묵살됐고, 3년 뒤 도슨은 다른 지역에서 두 번째 필트다운인 화석을 발견했다고 주장하여 진위

논란을 잠재웠습니다. 불소연대측정법 등의 발전으로 그 뼈가 조작된 '작품'이란 사실이 확인된 1953년까지 '필트다운인'은 잃어버린 고리 즉 인류가 유인원에서 진화했다는 결정적 고고학적 증거로 널리 인용되곤 했으며, 250편의 관련 논문도 발표되었습니다. 위조 주장을 확증한 것은 과학이었습니다. 불소연대측정법 등을 통해 확인된 바, 필트다운인 화석은 중세인의 두개골 일부와 500년 남짓 된 오랑우탄의 아래턱뼈, 침팬지의 치아 화석을 조립한 것이었음이 입증되었습니다. 화학분석 결과 필트다운인 화석은 철과 크로뮴산 등으로 착색해 오래된 것처럼 위장한 사실도 드러났습니다.

왜 이러한 세기의 날조사건 일어났는지는 확실치 않으나, 프랑스 등 대륙과 달리 현생 인류 화석 발굴 사례가 없던 영국을 인류 발생 · 진화의 중심지로 부상하게 하려는 국가주의적 욕망과 공명심에 부푼 일부 과학자의 취약한 윤리의식이 공모한 결과라는 비평도 일고 있습니다.

필트다운인을 위조한 사람이 누구인지는 아직도 밝혀지지 않고 있습니다. 정황상 조작의 주범은 찰스 도슨 등으로 추정됐지만 그가 사망한 뒤이어서 확인되지 않고 있습니다. 그러나 필트다운 인 발견과 관련된 찰스 도슨, 피에르 테야르 드 샤르뎅, 아서 케이스, 마틴 힌턴, 호레이스 드 베르 콜레, 그리고 아서 코난 도일 등도 용의자로 지목되고 있습니다.

출처: https://ja.wikipedia.org/wiki/%E3%83%94%E3%83%AB%E3%83%88%E3%83%80%E3%82%A6%E3%83%B3%E4%BA%BA의 일부를 인용 보완.

10-4. 아캄바로(Acámbaro) 공룡토우(土偶)

젊은 지구를 주장하는 창조과학 사람들은 인간과 공룡이 공존했다고 내세우는 증거로 위에 서술한 카브레라스톤 외에 다수를 들고 있는데, 그 중의 하나가 멕시코에서 발견된 공룡토우입니다. 그런데 이

것은 일반적으로 오파쓰일 것으로 알려져 있습니다.

1944년 7월에 도이치인 율스루트(Waldemar Julsrud)가 멕시코시의 아캄바로(Acámbaro, Guanajuato)의 불마운틴 기슭에서 기묘한 토기(土器)를 발견하고 7년 동안에 무려 37,000점 이상이나 발굴하였으나 그 일부는 공룡토우가 아닌 것도 있었습니다. 율스루트는 이 토우들이 고고학자 [6]디 페소(Charles C. Di Peso)에 의해서 날조된 것이라는 지적을 받고 실망하여 1952년 이후는 토우의 수집을 중지하였습니다.

이들 토우의 모양에는 공룡의 이미지와는 다르게 티라노사우루스가 직립(直立)하고 절구통처럼 그려져 있다든가, 반인반수(半人半獣), 악어 인간이나 날개를 가진 용 등의 공상적인 토우들이 많이 존재하고 있습니다(그림 37). 실제로 아캄바로 유적을 조사한 고고학자 디 페소는 아직 미발굴지역이라는 장소에서 되 묻은 흔적 등을 발견됐는데, 이러한 정황으로 보아, 율스루트와 그 일꾼이 날조했을 것이라고 추정했다고 합니다.

그림 37. 아캄바로(Acámbaro) 토우
http://www.fakearchaeology.wiki/index.php/Ac%C3%A1mbaro_Figures에서 전재.

[7]카리뷰 · 한(Carriveau and Han)에 의해서 Acambaro 근처에서 발굴된

6 Di Peso, Charles C. 1953a The Clay Figurines of Acambaro, Guanajuato, Mexico. *American Antiquity* 18(4):388-89.
Di Peso, Charles C. 1953b The Clay Monsters of Acambaro. *Archaeology* 6(2):111-14.

7 Carriveau, Gary W. and Mark C. Han. Thermoluminescent Dating and the Monsters of Acambaro *American Antiquity* Vol. 41, No. 4 (Oct.,1976), pp. 497-500.

율스루트(Waldema Julsrud) 컬렉션에 대한 열루민너센스(Thermoluminescent)에 의한 연대측정이 시도되었는데, 결과는 얻을 수가 없었습니다. 그 이유는 그 토우가 발견되기 이전에 이미 가마솥에서 구워졌기 때문입니다.

현재는 그 마을은 건설된 댐 밑에 가라앉아 있어서 진위를 가릴 수 있는 증거를 찾을 수가 없는데, 일설에 의하면 댐공사를 저지하기 위해서 유물을 날조했다고도 말하고 있습니다.

10-5. 펄록시강의 공룡과 사람 발자국

미국 텍사스주 글렌 로즈(Glen Rose)의 펄록시(Paluxy)강 바닥의 백악기 전기(약 1억1천만 년에서 1억5천만 년 전) 석회암 노두에서, 최소 134개의 공룡의 발자국과 함께 14개의 사람 발자국처럼 보이는 발자국이 발견되었습니다. 창조론자는 그 지층은 거의 노아의 대홍수때 퇴적됐다고 주장합니다.

1950년 버딕(Clifford L. Burdick)은 펄록시강의 발자국에 대한 기사를 쓰고 두 개의 발자국 표본의 사진을 제시했는데, 그것이 유명한 「버딕 프린트(Burdick Print 또는 Burdick track)」로 알려져 있는 것입니다.

그런데, 1961년 출판된 [8]윗콤과 모리스(Whitcomb and Morris)의 「창세기

8 Whitcomb, John C. and Nenry M. Morris. 2011. The Genesis Flood. P&R Publishing. p. 172-176(Figure 10-11).

대홍수」 책에 버딕의 주장이 게재되어, 창조과학자들 사이에 펄록시강의 발자국 화석에 관한 소문이 퍼지게 되고 그 얘기는 침례교 목사인 테이러(Stanley E. Taylor)의 주의를 끌게 되었습니다. 테일러는 그 지역을 발굴하고 그 결과를 1973년에 「돌 속의 발자국」이라는 제목으로 영화를 만들어 발표해서, 창조과학자 사이에서는 이것이 곧 진화론에 대한 반증이라는 주장이 널리 퍼지게 되었습니다.

테일러 사이트에는 많은 창조자론자들이 사람의 발자국이라고 여겼던 중족골(中足骨) 공룡의 발자국 여러 개가 대부분 채워져 있고, 더 깊은 흔적은 보다 전형적인 지행성(趾行性) 공룡 발자국입니다(그림 38)(Taylor Site Paluxy Riverbed 1984年 Glen Ros TX).

그림 38. 테이러 사이트의 펄록시강 바닥의 공룡 발자국.
Taylor Site, Paluxy Riverbed, 1984, Glen Rose, (C). 1984, Glen J. Kuban.

수년 동안 텍사스의 글렌 로즈 근처의 펄록시강의 석회암층에 있는 화석화된 공룡 발자국과 함께, 그 크기로 보아 키가 2m가 넘는 거인 발자국이 존재한다는 젊은 지구의 창조론 자의 주장이 수년간 제기되어 왔습니다.

이것이 사실이라면, 그러한 발견은 인간이 공룡이 멸종된 지 6천만 년이 넘게 될 때까지 지구상에 나타나지 않았다고 주장하는 기존의 지질학적 시간표와 크게 모순됩니다. 그러나 「사람 발자국」주장은 과학적 조사로 그 진위가 밝혀졌으며, 근 몇 년 동안 대부분의 창조론자도 이를 인정하지 않을 수 없게 되었습니다.

해스팅스(RONNIE J. HASTINGS, 1988)는 「펄록시의 인류의 발자국의 번성(繁盛)과 쇠퇴(The Rise and Fall of The Mantracks)」라는 논문에서 쿠반(Glen Kuban)과 함께 다음과 같은 견해를 발표했습니다. 그 발자국들에 대한 예비분석연구와 현장에서의 코어(core)들의 관찰 결과 그 발자국은 형성된 직후 점토질 물질인 육원(陸源)물질과 해성퇴적물의 혼합물에 의해서 충전되어 속성과정에서 사람발자국처럼 변형되었을 것이라고 하였으며, 한편, [9]쿠반(Glen Jay Kuban)은 「텍사스 공룡/"사람 발자국 논쟁"(The Texas Dinosaur/"Man Track" Controversy) © 1996-2012」에서 다음과 같이 결론지었습니다.

대부분의 사람 발자국이라고 생각되고 있는 것 들에는 중족골(中足骨) 공룡의 발자국과 침식이나 깎인 모양 등 다양한 현상을 포함하고 있습니다. 대부분의 인간 발자국은 두 발로 걸어 다니는 [10]지행성(趾行性) 이족(二足) 공룡에 의해서 만들어진 발자국 모양이며, 때로는 그들이 걸을 때 그들의 발뒤꿈치와 발바닥 모양이 새겨진 것도 있습니다. 그와 같은 발자국의 발가락 모양이 새겨질 때 진흙의 역류나 이차충전에 의해서 눌려지고 변형되어 아래 쿠반의 그림처럼 마치 사람 발자국처럼 됩니다.(그림 39)

그의 연구결과, 실제로는 세 가닥의 발가락 자국이 존재하고 있음이 판명된 것입니다. 즉, 잘 보이지 않았던 것뿐으로 실제로는 세 가락의 발가락을 가진 공룡의 발자국이었던 것입니다.

---

9 Kuban, Glen Jay. The Texas Dinosaur/"Man Track" Controversy) © 1996-2012.

10 포유동물들이 뒤축을 들고 발가락마디로 걷는 걸음.

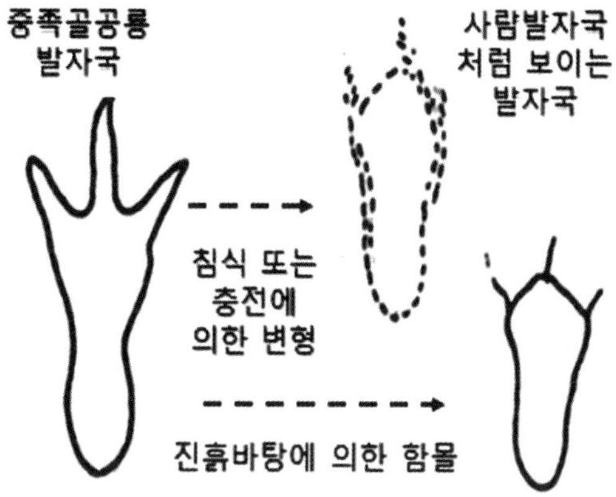

그림 39. 테일러 사이트(Taylor Site, Paluxy Riverbed, 1984, Glen Rose, TX)의 공룡 발자국이 사람 발처럼 변형된 모양(Kuban, 1984).

칼 보흐(Carl Baugh), 돈 패튼(Don Patton) 그리고 이안 쥬비(Ian Juby)와 같은 소수의 사람들은 펄록시의 사람 발자국 뿐만 아니라 다른 지방의 중생대나 고생대에도 사람 발자국이 존재한다고 계속 선전하고 있습니다. 그러나 그러한 주장은 철저하고 신중하게 조사하면, 펄록시 발자국과 같이 젊은 지구 창조과학자들에 대한 반증을 제공하게 될 뿐만 아니라 지구는 매우 오래되고 복잡한 역사를 간직하고 있다는 사실을 보여주게 될 것입니다.

10-6. 그 외 주장들에 대한 반론

젊은 지구창조자론자는 공룡 또는 익룡이 인간과 공존했었다는 주장을 뒷받침하기 위해 공룡이나 익룡 비슷하게 묘사된 고대 암벽 조각 등이 발견되고 있다는 예를 들고 있습니다만 그러한 주장에 대해서 반론합니다.

젊은 지구 창조과학에서 인간과 공룡이 공존했다고 한결같이 주장하는 공룡들이 그려지거나 새겨진 벽화나 암벽화 그리고 유물들은 오파쓰의 일종이라고 할 수 있는데, 여기서는 그 하나하나에 대한 주석을 단다는 것은 무의미하여 대표적으로 알려진 것들을 열거합니다.

유타주의 블랙 드래건 캐니언(Black Dragon Canyon)의 익룡의 암각화는 고고학자인 반(Paul Bahn) 과 그의 동료인 르 켈렉(Jean-Loïc Le Quellec)에 의해 형광X선과 디스트레치(DStretch)라고 불리는 컴퓨터 프로그램인 새로운 기술을 사용해서 검사되었습니다. 그 결과 익룡과 같은 비행하는 괴물이 아니고 가느다란 다리와 팔을 뻗은 사람의 모습의 그림을 포함해서 다섯 개의 그림의 세트임이 밝혀졌습니다.

애리조나 주 하바수파이 캐니언(Havasupai Canyon, Arizona)에서 주장되고 있는 공룡 암각화는 이족보행을 하는 티라노사우루스를 닮은 공룡처럼 보이지만, 몸체가 큰 머리와 목을 구부린 새입니다. 하바수파이 협곡에서 두 번째로 주장되는 공룡 암각화는 큰 뿔의 양 또는 토끼입니다.

탄자니아에서 주장되고 있는 공룡 동굴 그림은 명백한 기린입니다.

잠비아에 있는 긴 목에 속한 공룡의 3건의 동굴 벽화는 짧은 목의 도마뱀이었을 가능성이 큽니다.

오타와주 슈피리어호(Lake Superior Provincial Park)의 아가와 록(Agawa Rock)의 공룡 그림은 오지브와(Ojibwe) 전통의 호수 수호자인 언더워터 팬더(Underwater Panther)로 보입니다. 일리노이 주 알톤(Alton)의 익룡 그림은 19 세기 미국 작가의 상상력에 의해 그려진 산물입니다.

창조론자가 끈질기게 주장하는 인간과 공룡이 공존했다는 증거로 내 세우는 공룡이 그려진 유물이나 벽화 등은 지금까지 살펴왔듯이 날조된 유물이거나 또는 고대인들의 대형 도마뱀 등을 연상한 사상의 동물이라고 추정됩니다. 그리고 보다 중요한 사실은 사람화석과 공룡화석이 같은 지질시대의 지층에서 발견된 예가 없다는 사실입니다.

[11]창조과학세미나 7강 공룡과 인간, [12]윗콤 · 모리스(Whitcomb and Morris)의 「창세기 홍수」 그리고 [13]돈바텐(Don Batteb)의 「창조의 의문에 답하다」의 책 등에서 주장한바와 같이 만일, 사람과 공룡이 같은 시대에 공존했었다면 반드시 동일지층에서 사람화석과 공룡화석이 함께 발견되어야 합니다. 그러나 이에 대해서 창조과학에서는 구약성서의 욥기40장에 나오는 거대한 수륙양서 괴수인 베헤모스(behemoth)가 대형 공룡의 일종이라고 추정하고 있으며, 화석화 되고 있지 않은 공룡의 뼈가 발견되고 있으며 그 속에는 적혈구가 남아있는 것으로 보아 그리 오래된 것은 아니라고 주장하고 있습니다.

---

11 김명현. 창조과학 세미나 7강 공룡과 인간.

12 Whitcomb, John and Henry Morris. The Genesis Flood. 1961. P&R Publishing. P.166-167, 173,175, 279-281.

13 Batten, Don (editor). The Creation Answers Book. 2007 creation Book Publishers, Chapter 15.

또한 인간과 공룡의 화석이 동일 지층내에서 발견되고 있지 않는 사실에 대해서는 「창조의 의문에 답하다」에서 다음과 같이 설명합니다. 노아의 홍수 때 사람이 1천만 명이 살아 있었고 그 모든 것의 유해가 보존되었다고 하면, 현재의 7억m^3에 달하는 화석을 포함하는 퇴적층에 균일하게 분산 매몰되었을 경우, 70m^3에 한 개의 유해가 분포하는 비율이 된다. 그렇다면 인간의 화석은 한 개도 발견될 수가 없는 것이 당연하다는 주장도 합니다.

그러나 지금까지 설명한 지질학적 사실로 비추어 보았을 때, 사람과 공룡은 전연 다른 지질시대에 살았습니다. 따라서 창조과학자들이 인간과 공룡이 같은 지질시대에 살았었다는 주장은 환상에 불과한 것입니다.

여기서 현세를 사는 우리의 전설적인 상상의 생물인 용에 대해서 읽을거리 10에서 설명합니다.

읽을거리 10: 용(龍, 竜)

용은 동양이나 서양에서 신화나 전설에 나오는 상상의 생물입니다. 동양에서의 용의 기원은 중국으로, 용은 신수·영수(神·霊獣)로서 황제의 상징으로 알려져 있습니다. 용은 물 속이나 땅 속에 살며 울음 소리로 뇌우(雷雲)나 폭풍을 일으키기도 하며 회오리바람에 타서 하늘로 올라가 자유로이 날아다닌다고 알려져 있습니다. 그리고 그 형체는 매우 구체적으로 표현되어 있는데, 입 언저리에는 긴 수염이 있고 목 밑에는 사방 한 자(尺, 약 30cm)의 큰 비늘이 있으며 턱 밑에는 옥구슬을 지니고 있으며 다섯 개의 발가락을 가지고 있다고 전해지고 있습니다. 그런데 황제를 상징하는 중국의 용의 발가락은 다섯 개로 그려져 있습니다. 그러나 그 주변 국가들은 용의 발가락을 다섯 개로 그려서는 안 되고 네 개 또는 세 개로 그려야 한다고 합니다. 만일 이를 어기면 엄청난 제재가 가해진다고 합니다(그림).

유럽의 용(드래곤)도 전설이나 신화에 나오는 생물로 모습은 비늘로 감싸인 파충류를 연상케 하는 몸체와 예리한 발톱을 가지고 있고 때때로 입에서 불꽃을 품어내며 날개가 달려서 하늘을 날수 있다고 전해지고 있습니다.

용에 관련하여 「역린(逆鱗)」이라는 고사가 있는데, 역린이라는 말은 중국전국시대의 법가인 한비(韓非)의 저서에 나오는 고사로, 용은 원래 사람에게 해를 가하지 않으나 용의 목에 난 역린을 건드리는 것을 매우 싫어해서, 이를 건드리면 열화같이 화를 내며 건드린 사람을 그 자리에서 죽인다고 합니다. 이 때문에 역린은 건드려서는 절대 안 되는 것이라는 의미로 쓰이고 있습니다.

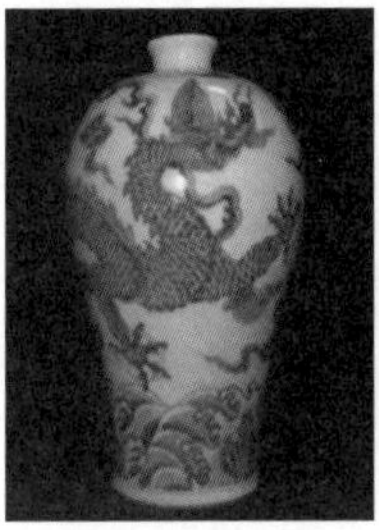			
중국 명나라 자기 (다섯 발가락 용)	18세기 이조 자기 (네 발가락 용)	일본 자기 15세기 (세 발가락 용)	베트남 자기 (세 발가락 용)

그림. 동양의 용문화병

제11장

중간형 화석의 문제

제11장

중간형 화석의 문제

11-1. 시조조(始祖鳥, Archaeopteryx)

창조과학자들은 지구상에는 막대한 양의 화석이 존재하는데도 진화의 이행을 보이는 중간형의 화석이 존재하지 않는다고 생물진화론을 부정하고 맹렬히 공격합니다. 특히 [1]헨리 모리스(H. Morris)는 그의 저서 과학과 성서(Science and Bible)에서 생물분류계급의 어느 계층에서도 중간적인 형태를 갖는 화석은 없으며, 모든 화석은 최종형태로서 화석기록에 돌연 출현한다고 지적합니다. 그래서 진화론자는 화석기록

1 Morris, Henry M. 1986. Science and the Bible, Moody Publishers.

에 항상 존재하는 공백(gaps)의 이유를 생각해 낸 것이, 1972년에 엘드리지와 굴드가 발표한 단속 평형이론(斷續平衡理論)이라고 주장합니다.

모리스는 이 설이 진화론자들에게 받아들여지는 주된 이유를 다음과 같이 말합니다. "분류체계의 속(屬)이나 과(科)보다 고도한 계층 사이에서의 이행은 물론이고 하나의 속 중에서도 어떤 종으로부터 다른 종으로 변해가는 중간형조차 존재하지 않기 때문"이라고 합니다.

그리고 매우 드물지만, 중간형 화석의 가능성이 있다고 때때로 인용되는 화석가운데, 가장 자주 인용되는 예는 시조조(始祖鳥 Archaeopteryx, 그림 40)」로 이것은 반은 파충류이고 반은 조류인 생물로서 파충류가 조류로 진화했음을 증명하는 중간형이라고 진화론에서는 생각하고 있다고 인정합니다.

이 독특한 생물은 파충류와 같이 이빨과 갈고리 발톱(claw)이 있으며, 새와 같이 날개와 깃털이 있었다고 추측된다고 설명합니다.

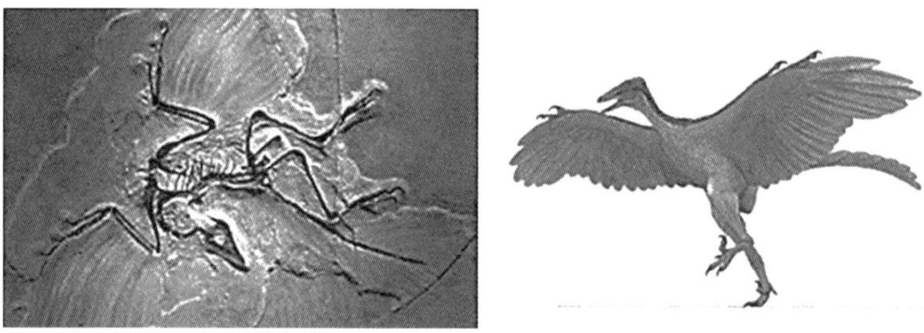

그림 40. 시조조(Archaeopteryx)화석과 복원도. https://thewire.in/science/archaeopteryx-may-have-flown-in-short-bursts-like-modern-day-pheasants에서 전재.

그러나 시조조가 그러한 형태로 실제로 존재했었다 고 해도 그것은 중간형이 아니고 「기관의 집합체형(器官의 集合体型)」이라고 해야 한다고 창조과학은 말합니다. 그것은 각 기관이 진화초기의 것도 퇴화하고 있는 것도 아닌, 충분히 발달한 기능적(機能的)인 것이기 때문이라고 그들은 주장합니다. 그 날개와 깃털은 이미 완전하고 완벽하게 기능하고 있으며 다리가 날개로 변하는 도중의 것도, 그리고 비늘이 깃털로 바뀌어 가는 도중의 것도 아니라는 것입니다. 만일 시조조가 실제로 존재했던 생물이라고 하여도 이빨이 있는 새에 불과하고, 공룡이나 익룡처럼 현재는 절멸해버린 생물로, 진화의 이행형이 아니라고 할 수 있다는 것입니다.

[2]엘드리지(Niels Eldredge, 1982)는 그의 저서 몽키 비즈니스의 「화석의 중간형의 공백(gaps)이 문제다(Oh, Those Gaps!).」라는 항에서 다음과 같이 반박하고 시조조가 중간형 화석이라는 반증을 듭니다.

개와 고양이, 식충(食蟲)생물과 박쥐, 도마뱀과 새, 물고기와 개구리들의 사이를 메꾸는 중간종의 사이는 결핍된 공백이 존재하고 있어서 중간 종에 해당하는 화석은 있을 것 같지 않다고 창조과학자들은 주장하고 있습니다.

그러나 엘드리지는 중간적인 생물은 많이 존재하고 있다고 다음과 같이 주장합니다. 도브잔스키(Theodosius Dobzhansky)와 그의 동료들이 정력적으로 연구한 남아메리카 산의 날파리는 그 좋은 예라고 합니다. 그러나 창조자론자는 그것은 대단한 것은 아니라고 여기고 있으며, 그들에게는 그것은 단지 "종류 중의 변종"으로만 생각하고 있다고 말합니다.

2 Eldredge, Niels. 1982. The Monkey Business. Washington Square Press. P. 120-132,

엘드리지는 보다 큰 스케일로 보아도 중간적인 생물은 존재한다고 주장합니다. 대부분의 생물학자는 사람이 속하는 목인 영장목도, 여우원숭이, 로리스, 남아메리카의 신세계원숭이, 구세계원숭이, 대형유인원과 사람처럼, 일종의 중간생물로 이루어져 있다고 인정할 것이라고 말합니다.

화석기록 중에 분명한 중간종이 더 많이 발견되지 않는 이유에 대해서 각각 어떻게 설명하던 간에, 고생물학자는 중간 종이 실제로 존재했던 증거가 이미 발견되고 있다고 말하고 중간적인 화석 종을 분명히 지적합니다. 그러나 창조자론자는 그러한 예를 중간 종이라고 인정하려 들지 않습니다.

그것의 가장 좋은 예가 시조조입니다. 시조조는 조룡류(祖竜類, Archosaurian)에 속한 진행된 파충류와 조류 사이의 틀림없는 훌륭한 중간 종입니다. 창조과학은 시조조는 날조된 것이라고 말하지는 않지만 그것은 새의 일종에 불과하다고 합니다. 그러나 그것은 그렇지 않습니다.

시조조의 화석은 도이치의 바바리아(Barvaria) 지방의 쥐라기 후기의 석회암에서 산출되며, 현재까지 다섯 개가 알려져 있습니다. 지금으로부터 약 1억5천만 년 전의 지층입니다. 그보다 더 오래된 조류화석은 발견되지 않고 있습니다. 이전부터 동물학자는 조류는 날개가 달린 파충류에 지나지 않는다는 것을 알고 있었습니다. 조류와 현생 파충류 사이에는 해부학적인 차이는 거의 없으며, 조류와 중생대의 조룡류(공룡도 이에 포함된다) 사이의 차이는 더더욱 적기 때문입니다. 조류는 이빨이 없는 대신에, 깃털, 네 심실(四心室)로 된 심장, 각질의 부리 등

외에, 파충류에는 없는 형질(形質)을 몇 개 더 가지고 있습니다.

공룡류에 깃털이 나 있으면 그것은 거의가 새라는 것은 사실입니다. 깃털, 날개, 부리는 시조조 후에 나타난 모든 조류와 시조조가 공유하고 있는 세 가지의 진화적으로 새로 생긴 형태입니다. 게다가 이 새로운 특징은 진화한 그룹으로서 「조류」로 인정 하게하는 요소입니다.

그러나 현생하는 조류는 모두 이빨과 꼬리뼈가 없는 대신에 강력한 비상근육(飛翔筋肉)을 지지하기 위해서 발달한 돌기흉골(突起胸骨)을 가지고 있습니다. 시조조는 돌기흉골이 없는 대신에 파충류의 조상의 전형적인 이빨과 꼬리를 가지고 있습니다.

11-2. 시조조 외의 중간형 화석

중간형 화석이라고 인정되는 시조조 외에 2015년까지 중간형이라고 생각되는 이행화석이 무수히 발견되고 있는데, [3]스위텍(Brian Switek, 2010)은 그 가운데, 대표적인 예로 「파키케투스(Pakicetus), 티크탈릭(Tiktaalik)」을 들고 있습니다. 파키케투스(Pakicetus, 그림 41)는 1981년 파키스탄 사막에서 미시간대학의 고생물학자인 긴거리치(Philip Gingerich)와 라셀(Donald Russel)에 의해서 발견된 것으로 오랫동안 찾아 헤매 오던 이행기의 고래종류의 화석이었습니다. 이는 약 5,300만 년 전(신생대 고

3 Switdck, Brian. 2011. Written in Stone. Bellevue Literary Press.

제3기 에오세초기)의 수륙 두 지역에 서식하고 있던 네 발의 포유동물로 현재 알려진 것으로 가장 오래된 원시적 고래류로 생각되고 있습니다.

화석은 파키스탄북부 및 인도서부에서 발견되고 있습니다. 고래에는 다른 포유동물과 같이 두개골 뒤에 귀뼈라고 불리는 돔 모양의 뼈에 둘러싸인 이골포(耳骨胞)가 있습니다. 다른 포유류와 다른 점은 그 돔의 주변의 두개골의 센터라인에 가까운 부분이 두껍고 딱딱한 고밀도의 뼈로 되어 있는 점입니다.

이와 같이 이골포가 두꺼운 것은 파치오스테오스클레로시스(Pachyosteoscleros) 라고 불리는데, 포유류 가운데에서 그 특징이 보이는 것은 고래뿐이며, 이 파키케투스의 두개골에도 그것이 인정되었습니다.

더욱이 파키케투스의 이빨은 멸종한 육식동물인 포유류의 메소니키아(Mesonychia)의 이빨과 매우 닮고 있어서, 파키케투스는 소택지에 서생했던 종류로 추정되고 있습니다. 그리고 담수의 퇴적물에서 발견됐지만, 물속에서 소리를 듣기 위한 특수한 중이(中耳)를 가지고 있지 않으므로 수중생활에 이행하는 극히 초기단계의 것임이 밝혀졌습니다. 따라서 파키케투스는 고래가 육상으로부터 바다에 이행하는 중간단계의 수륙양생의 동물로 알려져 있습니다.

그림 41. 파키케투스(Pakicetus) 화석과 복원도.
http://paleotopresent.tumblr.com/post/154906061335/evolution-of-the-whales에서 전재.

티크탈릭은 과학자가 지금까지 본적이 없는 편편한 머리로부터 뾰족한 입이 돌출한 물고기의 화석입니다. 2006년 티크탈릭 로제아(Tiktaalik roseae)라고 명명된 이 생물은 물고기로부터 사지동물로의 이행 도상에 있었으며 판데리크티스(Panderichthys, 3억8000만 년 전의 데본기 후기에 살았던 고기 지느러미 류), 아칸토스테가(Acanthostega, 3억6500만 년 전의 데본기 후기에 살았던 사지동물과 고기지느러미류와의 중간단계의 생물), 그리고 페조시렌(Pezosiren)과 함께 대표적인 이행화석으로 알려져 있습니다.

이 생물은 신생대 시신세 전기에서 중기에 살았었고 최 초기의 바다소인 해우목(바다소목 Sirenia)의 생물로, 자메이카에서 화석이 출토되고 있으며, 현재의 카리브해와 그 해변에 생활하고 있었다고 추정되고 있습니다. 몸길이가 2m로 현재까지 알려진 제일 오래된 바다소 종류로 지느러미가 되지 않은 네발을 가지고 있으며, 이 네발과 선장관절은 체중을 지탱할 수 있으며 땅 위를 걸어 다닐 수 있었으나 대부분 물속에서 지냈던 것으로 추정됩니다.

제12장

인류의 기원

현대지질학의 창조과학 비판

제12장

인류의 기원

인류의 기원에 있어서도 창조과학에서는 인류의 진화를 부정하고 오로지 창세기 1장27절에「신이 자기 형상 곧 신의 형상대로 사람을 창조하시 되 남자와 여자를 창조하시고」라고 쓰여있는대로 인류는 현재의 사람의 모습대로 신이 창조한 특별한 존재라고 설명합니다. 또한 창세기 1~11장에 의하면 현존하는 모든 사람은 노아의 부부와 그들의 아들 부부의 자손으로 아담과 이브의 자손이며, 이들 노아의 가족으로 출발한 집단은 하나의 언어를 사용하였으며 신의 명령에 따라서 한 곳에서만 살고 있었다고 말합니다.

그러나 그후 신은 창세기 11장 8~9절에 기술되어 있듯이 그들이 사용하는 언어를 각기 다르게 하고 작은 집단으로 나누어 세계의 여러 곳에 분산해서 살게 하도록 함으로서 현대인의 다양한 그룹이 존재하게 되었다고 설명합니다. 따라서 진화론에서 주장하는 인류가 장구한 시간에 걸쳐서 진화해온 것은 아니라는 것이 명백하다고 주장합니다.

창조과학은 그동안의 많은 고고학, 인류학적 발굴에 의해서 얻어진 인류화석이 지질학적 지층이나 방사성동위원소에 의해서 얻어진 연대와 대비되어 밝혀진 진화과정에 대해서 부인하고 있습니다.

그러나 이미 [1]Cann 등(1987)의 미토콘드리아 DNA 연구로부터 현생인류가 아프리카 기원임이 밝혀졌듯이, 앞으로 인류화석의 DNA 해독으로부터 초기인류의 진화의 수수께끼를 해명하는 실마리가 될 것으로 기대되고 있습니다.

일본 나고야대학의 스와 가네노리(諏訪兼位) 명예교수는 1962년부터 열 번에 걸쳐서 아프리카대륙의 지구과학적 조사를 시행하였는데, 이 조사는 일본에서 아프리카대륙에 대한 지구과학적 조사연구의 효시가 되었다고 합니다. 그 결과를 일반인을 위해서「아프리카대륙으로부터 지구를 안다. 2003 이와나미쇼텐(岩波書店)(이민성·김종온 공역, 2006)」을 출판했습니다. 여기서 다루고 있는 인류의 기원은 주로 이「아프리카대륙으로부터 지구를 안다」에 실린 내용을 보완하였습니다.

일찍이 인류 조상의 탄생은 가장 제일 오래된 [2]원인(猿人)의 화석으로 발견된 [3]오스트랄로피테쿠스 아파렌시스(Australopithecus Afarensis, 아파르 원인)와 [4]아르디피테쿠스 라미두스(Ardipithecus ramidus, 라미두스 원인) 등은 그

---

1 Cann, R.L, Stoneking M., and Wilson, A.C.(1987) Mitochondrial DNA and human evolution. Nature, 325, 31-36.

2 약 600만 년 전에 아프리카대륙에 출현하여 약 130만 년 전까지 서식했다고 생각되는 초기의 인류.

3 오스트랄로피테쿠스는 신생대 신제3기 마이오세부터 제4기 플라이스토세에 살던 유인원과 인류의 중간 형태를 가진 멸종된 화석인류로 420만 년 전에서 190만 년 전에 아프리카 대륙에서 서식 원인

4 약 440만 년 전부터 420만 년 전에 살았던 화석이다. 이것은 초기 두발 걷기로의 진화를 한 원인.

생존시대가 신생대, 제3기 그리고 플라이오세(선신세)의 400~500만 년 전으로 알려져 왔지만, 2000년대 들어서서 중앙 아프리카의 차드에서 더 오래된 600~700만 년 전(마이오세 말에서 플라이오세)의 지층에서 발견된 [5]사헬란트로푸스 차덴시스(Sahelanthropus tchadensis)(투마이 猿人)에 의해서 그 시대는 더 거슬러 올라가게 되었습니다.

그러나 진화에서 침팬지로부터 분기(分岐)한 시기와도 겹치고 있어서, 분기 이전이든가 또는 다리화석이나 발자국화석이 발견되고 있지 않아서 직립이족보행(直立二足步行)을 했는지 등 알 수 없는 점이 많다고 합니다. 그러나 지금까지의 화석 인류의 발견이 아프리카 동부에 집중되어있으며, 올해 들어 [6]오스탈로피테쿠스(Australopithecus) [7]속(genus)의 신종이 발견되어 데이레메다(Deyiremeda)라고 이름 붙여졌으나, 앞으로 더 발견됨에 따라서는 속의 분류도 크게 바뀔 가능성이 있습니다.

현대인(호모 사피엔스)의 기원은 원인(猿人)으로부터 원인(原人) → 구인(舊人)으로 연속해서 진화해왔다는 설은 부정적이며, DNA분석의 발전에 따라 20만 년 전에 아프리카에서 현재의 호모사피엔스의 직계조상이 탄생했다고 하는 설이 유력합니다.

스와 교수는 아프리카대륙의 지구과학적 조사 때, 초기 인류화석의 보고로 알려진 [8]아프리카 대열곡대의 동부지구대(탄자니아·케냐·에티오피아) 일대도 직접 현지 조사를 하였습니다. 당시 스와 교수는 올두바이 협

---

5 Brunet, M.; Guy, F.; Pilbeam, D.; et al. (2002). "A new hominid from the Upper Miocene of Chad, Central Africa" (PDF). Nature. 418.

6 멸종된 화석인류로서 대략 7백만 년 전에 생존했던 것으로 여겨지고 있다.

7 속(属, genus)은 생물 분류 단계 중 하나로 과의 아래이고 종의 위이다.

8 6,000km 이상의 폭 35~60km의 장대한 남북으로 발달한 열곡으로 대륙의 분열의 기점이기도 하며, 아프리카의 기후와 인류의 탄생에 영향을 미친 곳이다(그림 44).

곡에서 조사중인 메리 리키(Mary Leakey, 1913-1996, 그림 42) 박사를 찾아가서 만나고, 올두바이 계곡 현장일대를 직접 안내를 받은 사실도 기술하고 있습니다.

메리 리키 박사는 인간의 조상이라고 믿어지는 멸종된 최초의 화석화된 원숭이 프로콘술(Proconsul) 두개골을 발견하였습니다. 그리고 아프리카 올두바이 협곡 등에서 인류화석 등을 발굴했으며, 375만 년이 넘은 사람족(Hominin) 화석을 발견하기도 한 고인류학과 고고학 분야에 지대한 공을 세운 영국의 고인류학자입니다.

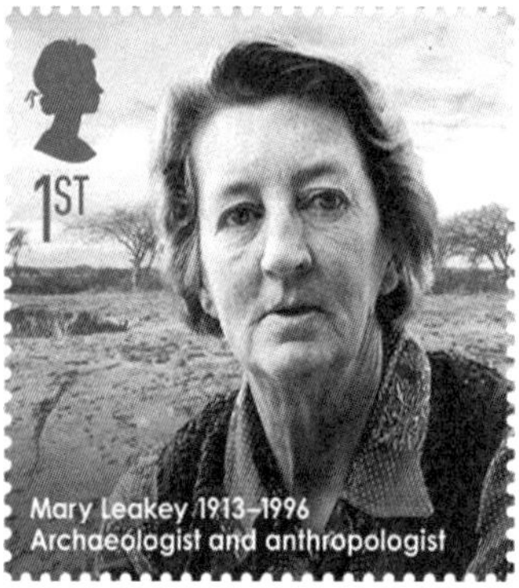

그림 42. 메리 리키(Mary Leaky) 박사 기념우표.
https://www.onthisday.com/people/mary-leakey/.

영국의 로이알 메일은 2013년 4월 16일에「위대한 업적을 남긴 10명의 영국인」을 기념하기 위해서 퍼스트 클래스(1st Class) 우표를 발행했는데 그림 42는 그 기념우표 중의 하나입니다. 이 기념우표 중에는 영국의 수상을 역임한 데이비드 로이드 조지(David Lloyd George, 1863-1945), 위대한 작곡가이고 피아니스트인 벤자민 브리튼(Benjamin Britten, 1913-1976) 그리고 잉글랜드의 축구선수이자 명감독인 빌 샹클리(Bill Shankly, 1913-1981)등 도 포함되어 있습니다.

인류는 대체로 원인(猿人)→원인(原人)→구인(旧人)→신인(新人)이라는 단계를 거쳐서 진화해 왔다고 말해지고 있는데, 이와 같이 직선적으로는 진화하지 않았다는 사실이 인류화석의 연구로부터 알려져 있습니다. 인류의 계통은 분기(分岐)나 교잡(交雜)을 거듭해온 결과 현세의 인류에 이어지지 않고 절멸한 종이 많이 존재하기 때문입니다(그림 43).

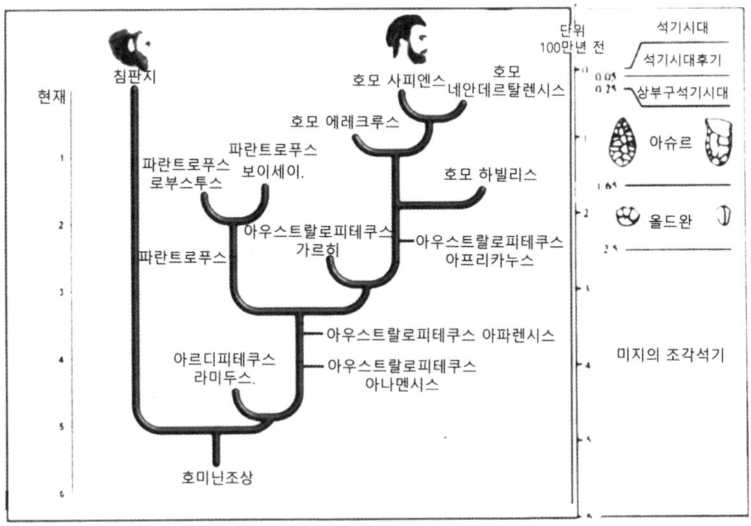

그림 43. 사람족 조상과 석기시대.
Richard Klein 2009. Darwin and recent African origin of modern human. ProCeeding of the Natural Academy of Science 106: 16007-16009)에서 수정보완 전재.

현재 원인(猿人)→원인(原人)→구인(旧人)→신인(新人)이라는 개념은 잘 사용되고 있지 않습니다. 그러나 이들은 각각 다음과 같은 특징을 가지고 있습니다.

(1) 원인(猿人, 오스트랄로피테쿠스(학명: Australopithecus)): 원인(猿人)은 약 600만 년 전에 아프리카대륙에 나타나서 약 130만 년 전까지 살았다고 생각되는 초기의 인류로 대표적인 화석은 오스트랄로피테쿠스 아파렌시스(Australopithecus afarensis 아파르원인).

(2) 원인(原人): 호모속에 속하는 화석인류의 하나의 군을 가리키는 화석인류의 속칭. 대표적인 화석은, 호모 하빌리스(Homo habilis), 호모 에

렉투스(Homo erectus)(자바원인 / 베이징원인 pekinensis), 호모 하이델베르겐시스(Homo heidelbergensis).

(3) 구인(旧人): 약 40만 년 전에 나타나서 2만수천 년 전에 절멸한 사람속의 일종. 대표적인 화석은 호모 네안데르탈렌시스(Homo neanderthalensis).

(4) 신인(新人): 호모 사피엔스(현생 인류)의 속칭(Homo sapiens, 라틴어로 영리한 사람을 뜻함). 호모 네안데르탈렌시스(Homo neanderthalensis)는 현생 인류의 속에 속하는 종의 학명임.

아프리카 대열곡대의 동부 열곡대에서 1930년대에 처음으로 초기 인류화석이 발견되었습니다. 그 후 인류학자와 지질학자에 의해서 동부 지구대에 있어서의 화석을 찾는 일이 계속되어 오면서, 동부지구대가 초기 인류화석의 보고라는 것이 차차 알려지게 되었고 동부 지구대의 인류화석의 탐구에 의해서 초기 인류역사가 엮어져 왔습니다(그림 44).

그림 44. 동아프리카 대지구대 인류화석산지와 구석기유적지.

12-1. 원인(猿人)

1931년 영국의 루이스 리키(Louis Leakey, 1903-1972) 박사는 탄자니아의 세렝게티(Serengeti) 평원의 남동부에 위치한 올두바이(Olduvai) 협곡에서 처음으로 초기 인류화석을 발견했습니다. 1935년에 리키 부처는 이 협곡의 30km 남쪽의 라에톨리(Laetoli)에서 아파르원인(猿人)의 송곳니를 발견했습니다. 그런데 이 표본은 1935년 당시에는 원숭이 것이라고 감정되었으며, 1979년까지 런던 대영박물관에 묻혀 있었습니다. 아파르원인은 지금으로부터 400만 년 전부터 280만 년 전에 살았던 초기 인류화석입니다,

올두바이 협곡의 양안에는 높이 100m의 절벽이 계속되는데 이 절벽의 최하부에는 현무암(185만 년 전)이 분포합니다. 이 용암의 바로 위 지층(175만 년 전)에서 1959년에 메리 리키 박사에 의해서 로부스투스(Robutus) 원인(猿人)의 두개골이 발견되었습니다. 로부스투스 원인은 259만 년 전에서 100만 년 전의 초기 인류화석입니다. 두골이 튼튼하고 큰 어금니를 가지고 있습니다. 이 지층에는 멸종된 고대 코끼리의 뼈도 많이 나옵니다.

초기 인류는 고기를 구하기 위해서 고대 코끼리를 늪지에 몰아넣어서 익사 시켰습니다. 그 증거로는 코끼리의 뼈에 섞여서 많은 돌도끼 등이 널려져 있는데, 이것은 세계에서 제일 오래된 올드완(Oldwan)의 돌도끼입니다.

1969년에는 케냐 북단의 투르카나(Turkana)호반에서 리챠드 리키

(Richard Leakey, 리키 부처의 아들)에 의해서 로부스투스 원인의 두골이 발견되었습니다.

에티오피아 남서부의 오모(Omo)강 하류지역의 조사는 1967년부터 1976년까지 계속되었습니다. 프랑스의 고생물학자이며 고대인류학자인 프랑스의 코팡(Yves Coppens)교수와 미국의 인류학자인 하웰(F. Clark Howell)은 매년 발굴을 계속하고, 칠레 사람으로 프랑스의 소르본느대학에서 물리인류학과 비교해부학을 공부한 바루크 아론부그(Baruch Arenbug)는 처음 3년 동안 그리고 리키 부자는 첫 해만 발굴에 참가했습니다.

오모강 하류지역에는 400만 년 전에서 100만 년 전까지의 지층이 연속적으로 노출되고 있습니다. 하위의 지층에는 팽나무, 팽나무풀 올리브, 부들과 같은 습윤환경에서 자라는 화분화석이 많으며, 상위 지층에는 습윤환경에서 자라는 화분은 급격히 적어지고, 양매와 같은 건조기후의 식물이 나옵니다.

하위의 지층에는 숲속에서 생식하는 쿠두나 워터박과 같은 영양(소과의 포유류)이 많고, 상위의 지층에는 말이나 혹멧돼지와 같은 사바나에서 생식하는 초식동물이 나타납니다. 그리고 하부의 지층에는 아파르원인이 발견되고, 상부의 지층에는 로부스투스 원인이 발견됩니다.

아파 삼각지대(Afar Triangle)의 하다르(Hadar) 지방에서도 1960년대 후반부터 1970년대 말까지 많은 시료가 발굴되었습니다. 아파르원인의 전모는 하다르 출토표본에 의해서 밝혀졌습니다. 구석기는 하다르의 서쪽에 접하는 고나(Gonna)에서 출토되었으며, 250만 년 전부터 100만 년 전까지 사용되었습니다.

에티오피아에서는 1980년대에 불행한 내란이 일어나서 발굴이 중단되었습니다. 내란이 끝난 1988년부터는 발굴이 다시 시작되어 커다란 성과가 나타나고 있었습니다.

에티오피아 지구대 남부 콘소(Konso)의 초기원인 유적군은, 일본 도쿄대학 스와 겐(諏訪元) 박사들에 의해서 조사되었습니다. 콘소의 유적들은 15km에 걸쳐서 분포합니다. 이것은 180만 년 전서 130만 년 전의 것입니다. 인류화석 · 동물화석 · 아슐리안((Acheulean)형 석기 등이 많이 나오는데 아슐리안 형 석기는 150만 년 전부터 20만 년 전까지 사용되었습니다.

1994년에 하다르 남방의 아라미스(Aramis) 지역에서 캘리포니아대학의 화이트(Tim D. White)와 스와 겐 박사에 의해서 440만 년 전 라미두스(Ramidus) 원인의 턱과 팔의 뼈 등 17점의 화석이 발견되었습니다. 화석에는 원인과 유인원과의 중간적인 요소가 많이 보입니다. 그러나 송곳니나 두골 전부의 구조 등에서는 원인의 특징이 강하게 나타나고 있습니다. 이름인 라미두스는 "뿌리"를 의미하는 아파르 삼각지대의 현지어입니다.

2002년에 케냐에서 프랑스의 세누(Brigitte Senut) 박사와 픽포드(Martin Pickford) 박사에 의해서 600만 년 전 오로린(Orrorin)인의 화석이 발견되었습니다. 이 대퇴골은 2족 보행에 적합한 형태로서, 어금니는 작고 표면의 에나멜질이 두텁다는 특징이 있습니다.

12-2. 사람과 침팬지

DNA에 의해서 생물의 계통관계를 조사하는 연구가 최근 활발하게 이루어지고 있습니다. 이에 의하면, 사람에게 가장 가까운 친척은 아프리카의 침팬지과(침팬지와 보노보 Bonobo)라는 것을 알게 되었습니다. 사람과의 선조와 침팬지과의 선조의 줄기가 갈라진 연대는 800만 년 전으로 추정되고 있습니다.

현재, 아프리카의 침팬지과와 사람과의 공통된 선조에 제일 가깝다고 생각되는 것은 일본 교토대학의 이시다 히데미(石田英美) 박사가 케냐에서 발굴한 삼부루 호미노이드(Samburu Hominoid)라고 불리는 원인류입니다. 이 원인류는 950만 년 전에 살고 있었습니다.

지금까지 동부 지구대에서는 사람의 선조 화석은 많이 발견되고 있으나, 침팬지과의 선조 화석은 발견되지 않고 있습니다.

1982년 프랑스의 코팡은 사람과와 침팬지과의 갈라짐에는 아프리카 대열곡대의 형성이 큰 역할을 했다는 다음과 같은 이스트사이드 스토리라는 가설(읽을거리 11 참조)을 제창했습니다만, 2002년에 이스트사이드 스토리에 다음 장에서 설명하는 내용의 심각한 타격을 주는 발견이 있어서, 2003년 2월에 코팡 스스로 이 스토리를 철회했습니다. 그러나 그 가설이 매우 흥미로운 내용이어서 여기에 소개합니다.

읽을거리 11: 이스트사이드 스토리

아프리카 대열곡대가 생기기 전에는 아프리카 대륙은 하나의 균일한 동물 지구였으며, 삼부루 호미노이드와 같은 사람과와 침팬지과의 공통된 선조가 생식하고 있었습니다. 그런데 800만 년 전 경이 되면, 대열곡대의 융기가 격렬해지고, 융기에 의해서 서측 벽의 뚜렷한 산계가 형성되고, 이에 다시 단층에 의해서 대열곡대가 형성되었습니다.

이렇게 해서 생긴 장벽과 크게 갈라진 틈은 대기의 순환에 커다란 영향을 미쳤습니다. 대열곡대 보다 서측에서는 대서양의 영향으로 많은 비가 내려서, 습윤한 환경 하에서 삼림이 생겨났습니다. 대열곡대보다 동측에서는 몬순과 같은 계절성의 기후를 만들어, 초원이 펼쳐지고 사바나로 변화해 갔습니다.

사람과와 침팬지과의 공통선조집단은, 이렇게 해서 분리되었습니다. 서측의 자손은 습윤한 환경 하에서 나무위에서의 생활에 적응해 갔습니다. 이것이 침팬지과입니다. 대조적으로, 동측의 자손은 새로운 생존형태를 만들어 내어, 열린 초원의 환경에 적응하게 되었습니다. 이것이 사람과입니다. 사람과와 침팬지과가 같은 지역에서 함께 보이지 않는 것은 이 때문입니다.

사람으로의 진화의 길로 접어든 원인(猿人)은, 지금까지 말한 바와 같이, 오로린원인(600만 년 전), 라미두스원인(440만 년 전), 아파르(400만 년 전), 로부스투스(250만 년 전)등입니다. 이들 원인들은 기후의 건조화에 적응하여, 수렵을 효과적으로 하여 사냥해서 잡은 짐승을 굽거나 삶거나 가공해서 먹기 때문에, 다음 세 가지의 특징을 지니면서 진화해 갔습니다. 즉, (1) 직립 2족 보행한다. (2) 송곳니가 작다. (3) 어금니가 크고 에나멜질이 두껍다는 특징을 보입니다.

수십만 년 후, 원인(猿人)과 헤어져서 원인(原人, 호모속)이 나타납니다. 사람은 큰 뇌를 가지고, 여러 기회를 최대한으로 살리며, 폭넓은 식성을 갖게 되었습니다. 큰 뇌와 더불어 보다 깊은 사고능력과 새로운 호기심이 생겨났습니다. 식량자원을 확보하기 위해서 행동범위를 넓히지 않으면 안 되었습니다. 인류는 사람과의 탄생 이래 처음으로 발상의 땅인 아프리카 대열곡대를 벗어나 확산된 것입니다.

코팡이 1994년에 발표한 「이스트사이드 스토리」라는 가설은 한 때 사람과와 침팬지과와의 별도의 진화 관계가 잘 설명된 듯하였으나, 그 이후에 아프리카대륙의 침팬지의 발상의 땅인 「웨스트사이드」인 중앙아프리카의 차드(Chad)에서 600-700만 년 전이라고 추정되는 투마이(Toumaï)원인(猿人)의 화석이 발견되므로 인해서 「이스트사이드 스토리」는 결국 파탄을 맞게 되었습니다.

12-3. 루시(Lucy)와 루시의 아기(Lucy's Baby) -[9]세계에서 가장 오래된 어린이화석-

모든 현생인류의 어머니로 추정되는 여성 「루시(Lucy)」는 1974년 11월 24일 에티오피아의 하다르 지역에서 도널드 요한슨(Donald Johanson)과 톰 그레이(Tom Gray)에 의해 발견된 318만 년 전 성인 여성인 사람과 화석(호미니드, Hominid)에 붙여진 이름으로, 오스트랄로피테쿠스 아파렌시스 가운데 가장 초기에 발견된 것 중의 하나입니다.

9 내셔널 지오그래픽뉴스(National Geographic News, September 20, 2006).

"루시(Lucy)"라는 이름의 유래는 이러합니다. 11월 24일 늦은 밤, 거의 완전한 호미니드 뼈를 발견한 것에 대한 축하연이 벌어졌습니다. 몰려든 많은 축하객들이 술을 마시고 춤을 추고 노래를 부르는 가운데 분위기가 흥분의 도가니로 이어지면서 비틀즈의 노래 "다이아몬드가 있는 하늘의 루시"가 계속 흘러나왔습니다. 그리고 그날 밤 누구에 의해서인지 모르지만 비틀즈의 노래 제목을 딴 "Lucy"라는 이름이 이 화석에 붙여졌다고 합니다.

모든 현생인류의 어머니로 추정되는 320만 년 전의 여성 '루시'와 같은 오스탈로피테쿠스 아파렌시스에 속하는 여자아기 화석이 지난 2년 전에 동아프리카의 루시가 발견된 장소에서 불과 수마일 남쪽에서 발견되었습니다. 이 여자아기화석에는 「셀람(Selam, 터키어로 안녕이라는 뜻)」이라는 별명이 붙여졌는데, 이 세 살짜리 여자 아기의 유골은 사암에 파묻혀 있어 사암을 한 알갱이씩 긁어내는 5년간의 고된 작업 끝에 비로소 루시와 같은 종의 직립원인이란 사실이 확인됐으며 퇴적물 분석 결과 약 330만 년 전쯤 숨진 것으로 알려졌습니다.

도이치 막스 프랑크 진화인류학 연구소의 에티오피아인 고고인류학자 제레세나이 알렘세게드(Zeresenay Alemseged) 박사 등의 연구진은 네이처지 최신호에 발표한 연구 보고서에서, 거의 완벽한 유골 보존 상태로 미루어, 아기가 홍수에 휩쓸려 단시간 내에 퇴적물 속에 파묻히게 된 것으로 추정했습니다.

오스트랄로피테쿠스(Australopithecus)는 신생대 신제3기 마이오세부터 제4기 플라이스토세에 살던 유인원과 인류의 중간 형태를 가진 멸종된 화석인류로 500만 년 전에서 50만 년 전에 아프리카 대륙에서 서식했다는 것이 밝혀졌으며, 발원지는 동부 아프리카로 추정되고 있습니다.

그림 45는 이탈리아 토스카나주의 까마이오레(Camaiore)에 있는 까마이오레 고고학박물관(The Archaeological Museum of Camaiore, Museo archeologico di Camaiore)에 소장 되어있는 고예술가 스테파노 리치(Stefano Ricci)의 오스트랄로피테쿠스(Australopithecus)인들이 고기덩어리를 들고 하이에나와 싸우면서 하이에나를 쫓는 장면의 이미지 그림입니다.

그림 45. 동아프리카의 오스트랄로피테쿠스(Australopithecus)인이 고깃덩어리를 들고 하이에나를 쫓는 장면의 그림. 스타노 리치(Stefano Ricci)에 의한 이미지.

Dear Min Sung Lee
I will certainly authorize you. Just enter in the caption: Illustration by Stefano Ricci modified by J. Matterness if you could have a copy of the book, I would be happy.
Sincerely, Stefano Ricci

12-4. 사헬란트로푸스 차덴시스(Sahelanthropus tchadensis) 별칭: 투마이원인(猿人)

2001년 7월, 중앙아프리카에 있는 차드호 북북동 약 700km의 쥬라브(Djourab)사막의 토로스메날라(Toros-Menalla)지역에서 차드의 대학생이 사막 속의 사암층에서 원인(猿人)의 거의 완전한 두골을 발견한 것입니다. 원래 이 지역은 프랑스의 브르네(Michel Brunet) 교수들이 조사를 계속하고 있었습니다. 브르네 교수는 2002년 7월에 발견된 것은 700만 년 전 투마이원인이라고 발표했습니다. 「투마이」라는 이름은 「생명의 희망」이라는 의미입니다.

사헬란트로푸스 차덴시스는, 사람과와 침팬지과의 공통의 선조로부터 사람과가 갈라진 직후의 원인(猿人)화석이라고 보여지고 있습니다. 게다가 이것은 대지구대의 서측 2500km나 떨어진 장소에서 발견된 것입니다. 사람과는 이른 시기부터 아프리카 각지의 넓은 범위에서 다양하게 진화하며 생식하고 있었을지도 모릅니다.

사헬란트로푸스 차덴시스는 거의 완전한 두골 외에도, 턱 조각과 이빨이 나왔습니다. 뇌의 크기와 갸름한 두부는 침팬지에 가깝지만, 척추가 지나는 대후두공(大後頭孔)이 아래를 향하고 있으며, 척추가 두골을 밑에서 받치고 있어서 직립2족보행을 하고 있었음을 알 수 있습니다. 얼굴이나 퇴화한 송곳니 등은 사람의 선조인 원인의 특징을 가지고 있습니다. 같은 사암층에서 나온 소나 코끼리의 화석으로부터 600

만 년보다 오래되고 700만 년 전에 가까운 시대의 화석이라고 추정되었습니다. 현재로서는 세계에서 가장 오래된 인류의 조상이라고 할 수 있습니다.

사람의 기원을 찾는 연구는 투마이원인의 발견으로 앞으로 더 발전해 나갈 것입니다.

12-5. 제벨 이루드(Jebel Irhoud) 유적의 새로운 호모 사피엔스의 사람화석

막스 프랑크(Max-Planck) 진화인류연구소 팀이 아프리카 북부의 모로코에서 약 30만 년 전의 것으로 보이는 초기의 현생인류 호모 사피엔스의 뼈를 발견했는데, 이 호모 사피엔스는 약 20만 년 전 아프리카 동부에서 출현했을 것으로 생각되고 있었으나, 그전부터 아프리카 전역에서 서서히 진화했을 가능성이 있다고 추측되고 있습니다.

다음은 2017년 6월 8일에 영국과학저널 네이처(Nature)에 발표된 내용입니다.「호모 사피엔스는 구인(舊人) 호모 하이델베르겐시스 등으로부터 진화했을 가능성이 있다고 생각된다. 호모 사피엔스가 출현한 정확한 장소와 시기는 화석 기록이 매우 부족하고 많은 중요한 표본의 연대가 확정되어 있지 않기 때문에 아직 밝혀지지 않고 있다. 이번 장 자크 위블랭(J. Hublin)들은 모로코의 제벨 이루드에 유래된 새로운 사람화석을 보고하고 있으며, 또한 다른 논문에서 맥페런(S. McPheron)

들이 이들 화석의 연대를 결정했다. 같은 지층에서 발견된 석기나 이빨의 연대 측정 결과, 약 30만 년 전 것으로 보인다」.

이 두 보고에 의해서, 이 제벨 이루드 유적에서 발견된 유해가 약 35만 년에서 30만 년 전까지 거슬러 올라간다고 하였으며, 이들 표본의 얼굴, 아래 턱 그리고 이빨의 형태를 포함한 많은 특징은 초기 또는 최근의 현생 인류의 것과 일치하고 있으나, 신경두개골과 두개내(頭蓋內)의 형태적 특징은 보다 원시적이라는 것이 밝혀졌다고 합니다.

이를 종합하여, 제벨 이루드의 사람 족 화석은 호모 사피엔스의 최초기의 진화단계의 것으로 결론짓고 있습니다. 그리고 아프리카 남부에서도 26만 년 전 것으로 알려진 화석이 발견되고 있어서, 연구 팀은 「진화는 아프리카 전역에서 서서히 진행된 가능성이 있다」고 결론짓고 있습니다.

인용 및 참고문헌

인용 및 참고문헌

Adams, F. Dawson 1938. The birth and development of the geological sciences, Baltimore, The William & Wilkins company.

Alvarez, L.W. et al., 1980. Extraterrestrial causes for the Cretaceous-Tertiary extinction. Science, 208, 105-108. HALL.

Arthur V. Chadwick and Kennedy M. Elaine, 2001. Depositional Environment of The Tapeats Sandstone in the Region of Grand Canyon, Arizona. Geoscience Research Institute, Loma Linda University, Loma Linda, California 92350.

Austin, Steven 1988. Grand Canyon Lava Flows: A Survey of Isotope Dating Methods. FRIDAY, APRIL 01.

Austin, Steven A. 1992. "Excessively Old "Ages" For Grand Canyon Lava Flows," in Impact #224 (February).

Austin, Steven A., ed., 1994. Grand Canyon: Monument to Catastrophe. Plus, Communications.

Austin, Steven. A. and Snelling, A. A., 1998. Discordant Potassium-Argon Model and

Isochron "Ages" for Cardenas Basalt (Middle Proterozoic) and Associated Diabase of Eastern Grand Canyon, Arizona: Proceedings of the Fourth International Conference on Creationism, p. 35-51.

Baillieu, IL. Thomas A. "Polonium Haloes" Refuted. Copyright © 2001-2005.

Beus, S.S., and Morales, M., 2002. Grand Canyon Geology. Second Edition. New York, Oxford University Press, Inc.

Brawley, John, 1992. "Evolution's Tiny Violences: The Po-Halo Mystery: An Amateur Scientist Examines Pegmatitic Biotite Mica", Talk. Origins Archive.

Brunet, M., Guy, F., Pilbeam, D., Mackaye, H. T., Likius, A. et al. (2002) - "A new hominid from the Upper Miocene of Chad, Central Africa", Nature, vol. 418, 11 July 2002, pp. 145-151.

Buffon, George-Louis de, Poques de la Nature, 1778.

Burgert, B.L., 1972. Petrology of the Cambrian Tapeats Sandstone, Grand Canyon, Arizona [unpublished M.S. thesis]: Northern Arizona University, 156 p.

Burnet, Thomas. 1681. Telluris Theoria Sacra, Sacred theory of the earth.

Cann, R.L., Stoneking, M. and Wilson, A.C., 1987. Mitochondrial DNA and human evolution. Nature, 325, 31-36.

Carriveau, Gary W. and Han, Mark C. Thermoluminescent Dating and the Monsters of Acambaro. American Antiquity Vol. 41, No. 4 (Oct.,1976), pp. 497-500.

Collins, Lorence G. and Collins, Barbara J. Origin of Polonium Halo. SEP-OCT 2010 REPORTS.

Collins, Lorence G., 1997. "Polonium Halos and Myrmekite in Pegmatite and Granite.

Dalrymple, G. Brent, 1991. The Age of the Earth. California: Stanford University Press.

Dalrymple, G. Brent, 1991. The Age of the Earth. California: Stanford University Press.

Dean, Dennis R. 1992. James Hutton and The History of Geology. Cornell University press.

Descartes, René. 1644. Principles of Philosophy. Dover Publications.

Di Peso, Charles C. 1953a. The Clay Figurines of Acambaro, Guanajuato, Mexico. American Antiquity 18(4): 388-89. 1953b. The Clay Monsters of Acambaro. Archaeology 6(2): 111-14.

Dietz, R.S., 1961. "Continent and Ocean Basin Evolution by Spreading of the Sea

Floor." Nature 190: 854-516.

Don Batten (editor). The Creation Answers Book. 2007. Creation Book Publishers.

Edwin H. McKee and Donald C. Noble, Age of the Cardenas Lavas, Grand Canyon, GSA Bulletin

Elredge, Niels. 1982. The Monkey Business. First Washington Square Press.

Faure, Gunter. 1986. Principles of Isotope Geology, Second Edition. New York: John Wiley and Sons.

Flowers R.M. and Farley K.A, 2012. patite $^{4}He/^{3}He$ and (U-Th)/He evidence for an ancient Grand Canyon. Science, Vol. 338, Issue 6114, pp. 1616-1619.

Gentry, Robert V. 1986. Creation's Tiny Mystery. Knoxville. Earth Science Associates, Knowville, TN, 3rd Edition.

Glen, William. Edited by. 1994. The Mass-Extinction Debates. Stanford University Press.

Gohau, Cabriel. 1990. A History of Geology. Rutgers University Press.

Gould, Stephen Jay. 1977. Ever Since Darwin W. W. Norton & Company.

Gould, Stephen Jay. 1987. Time's Arrow Time's Cycle. Harvard University Press.

Green, Mott, T. 1982. Geoloy in the Nineteenth Century. Cornell University Press.

Harris, Ann G. 2003. Geology of National Parks, Kendal/Hunt Publishing Company.

Harris, Ann G., Tuttle, Fisher and Tuttle, Sherwoosd D. 1997. Grand Canyon National Park. Dubuque, Iowa: Kendall/Hunt Pub. Co.

Hastings, Ronnie J. 1988. The Rise and Fall of The Mantracks.

Herbert, Sandra. 2005. Chales Darwin, Geologist. Cornel University Press.

Isaak, Mark. 2007. The Counter-Creationism Handbook. University California Press.

Karl E. Karlstrom, John P. Lee, Shari A. Kelley, Ryan S. Crow1, Laura J. Crossey, Richard A. Young, Greg Lazear, L. Sue Beard, Jason W. Ricketts, Matthew Fox, and David L. Shuster. 2014. Formation of the Grand Canyon 5 to 6 millionyears ago through integration of olderpalaeocanyons. Nature Geoscience v. 7, p. 239-244.

Karlstrom, K. E. et al. 2013. Comment on: Apatite $^{4}He/^{3}He$ and (U-Th)/He evidence for an ancient Grand Canyon. Science 340, 143.

Kuban, Glen J. 1984. Taylor Site, Paluxy Riverbed, 1984, Glen Rose, (C).

Kuban, Glen. 2006-2013. Unfounded Creationist Claims about Polonium Radiohalos.

From Mineralory to Geology. The University of Chicago Press. 1987.

Kuban. Glen J. 1996-2012. The Texas Dinosaur/"Man Track" Controversy©.

Lee, M. S., Alan, R., and Wasson J. T. 1992. Origin of Metallic Fe-Ni in Renazzo and related Chondrits. Geochimica et Cosmochimica Acta, U.S.A, 56, 2521-2533.

Leeman, W. P., 1974. "Late Cenozoic Alkali-Rich Basalt from the Western Grand Canyon Area, Utah and Arizona: Isotopic Composition of Strontium" in Geological Society of America Bulletin 85 (November), pp. 1691-1696.

Lucchitta, I. 2013. Comment on apatite $^{4}He/^{3}He$ and (U-Th)/He Evidence for an ancient Grand Canyon. Science 340, 143.

Lyell, Chales. 1830. Principles of Geology. ©1990. The University of Chicago Press.

McKee, Edwin H. and Noble, Donald C. 1976. Age of the Cardenas Lavas, Grand Canyon, GSA Bulletin. 87 (Aug. 1976): 1188-1190.

Melville R. / Robert L. Earhart. Mudge 1980. The Lewis Thrust Fault and Related Structures in the Disturbed Belt, Northwestern Montana Paperback 1174. pp. 12-31.

Mojzsis, S. J., Harrison T. M., Pidgeon R. T. 2001. Oxygen-isotope evidence from ancient zircons for liquid water at the Earth's surface 4,300 Myr ago.Nature. 409, 178-181.

Morris, Henry M. 1977. The Scientific Case for Creation. Creation-Life publishers, Inc.

Morris, Henry M. 1986. Science and the Bible, Marisha Pessl.

Mudge, M. R. and Earhart R. L. 1980. The Lewis thrust fault and related structures in the Disturbed Belt, northwestern Montana pubs.er.usgs.gov. National Geographic News, September 20.

Niels Eldredge. 1982. The Monkey Business. Washington Square Press.

Playfair, John. 1802. Illustratios of the Huttonian Theory of the Earth. ©1956.

Polidoro, Massimo 「Ica Stones: Yabba-Dabba-Do!」『Skeptical Inquirer』 (Volume 26.5, September/October 2002).

Price, Greer L. An Introduction to Grand Canyon Geology. Grand Canyon Asociation. Grand Canyon. Arizona

Ross, Sara. 2007. The Ica Stones and Dr. Javier Cabrera. Pseudoarchaeology ResearchArchive (PARA)

Rudwick, Martin J. S. 1976. The Meaning of Fossils. The University of Chicago Press.

Schwarzbach, Martin. 1986. Alfred Wgwner the Farther of Continental Drift. Science Inc.

Shuster, D. L. and Farley, K. A. 2004. ^{4}He/^{3}He thermochronometry. Earth Planet. Sci. Lett, 217. 1-17.

Shuster, David L., Flowers, Rebecca M. Farley, Kenneth A. 2006. The influence of natural radiation damage on helium diffusion kinetics in apatite. Earth and Planetary Science Letters 249, 148-161.

Smith, Wesley C. 2010. Pine Mountain Thrust Fault. ES 767 Global Tectonics, Spring.

Stassen, Chris. 1994-2003. A criticism of the ICR ‘s Grand Canyon Dating Project. Copyright.

Stone, Irving 1942. Clarence Darrow For the Defense. XII Your Old Men's Monkey, p.477-524.

Swift, Dennis. Secret of the ICA Stones and Nazca Lines.

Switek, Brian. Written in Stone. Bellevue Literary Press. 2011.Vincente Paris 「LAS PIEDRAS DE ICA SON UN FRAUDE」. (http://www.antiguosastronautas.com/articulos/Paris01.html).

Tom Vail. 2003. Grand Canyon" Different View. Master Books.

Wagner, Stephen 「The Mysterious Ica Stones」.(http://paranormal.about.com/cs/ancientanomalies/a/aa041904_2.htm)

Wakefield, Richard and Wilkerson, Gregg. Geologic setting of polonium radiohals.

Wasson, J. T., Krot, A. N., Lee, M. S., and Aran R., 1995. Compounchondrules. Geochimica et Cosmochimica Acta, 59(9), U.S.A., 1847-1859.

Wegener, Alfred. 1929. The Origin of Continents and Oceans. ©1990 Dover Publications, Inc.

Whitcomb, J. C., and H. M. Morris, 2011. The Genesis Flood. Philadelphia: Presbyterian and Reformed Publishing Co.

Wilde, S.A., Valley, J.W., Peck, W.H., Graham, C.M. 2000. Evidence from detrital zircons for the existence of continental crust and oceans on the Earth 4.4 Gyr ago. Nature, 409, 175-178.

Wilson, Leonard. Chales, Lyell. 1972. New Haven and London, Yale University Press.

Zittel, Karl Alfred von. 1901. History Geology and Paleontology. Walter Scott, Paternoster Square.

성서. 한글 킹제임스 말씀보존학회 1994

김건일. 2010. 진화론 창조과학 논쟁의 이해. 참 · 과학

김명현. 창조과학 세미나. 그랜드캐니언과 노아의 홍수, 공룡과 인간 및 지구의 나이. YouTube.

리처드 도킨스 외. 2006. 왜 종교는 과학이 되려 하는 가. 김명주역. 바다출판(2016)

양승훈. 2006. 창조와 격변. 예영커뮤니케이션.

양승훈. 2016. 창조에서 홍수까지. 도서출판 CUP.

이민성. 1988. 화성암성인론. 민음사.

이민성. 1994. 지구상의 물의 기원. Jour. Korean Society of Groundwater Environment. V. 1. No.2 P. 73-79.

이민성 · 김종온 공역. 2006. 아프리카대륙으로부터 지구를 안다. 시그마프레스.

이재만. 창조과학 세미나. 지구의 나이, 노아홍수, 궁금증들. YouTube

池原 研, 1999. 深海底 タービダイトの発生周期 とその古地震学的意義: 熊野 トラフのピストンコアの解析例. 堆積学研究. 49号, 13-21, 1999.

オービス·パブリッシング,『失われた世界への旅』同朋舎出版(1996年).

久保有政 1999. 聖書から生まれた先端科学 創造論(クリエーションサイエンス) の 世界. 徳間書店

コルネリア·ペトラトゥ、ベルナルト·ロイディンガー『ICA, 模様石に 秘められた謎』文藝春秋 1996).

ジェイムスA.シコード. 1997. ライエル地質学原理(上下). 河内洋祐訳. 朝倉書店

ジャック·ロジェ, 1989. 大博物学者ビュフォン. ベカエール直美訳. 工作舎(1992).

ジャネット·ブラウン, 2006. ダーウインの「種の起源」 長谷川真理子訳. 共同印刷㈱会社(2007).

ステイーヴン·ジエイ·グールド,1999. 神と科学は共存できるか?狩野秀之·古谷恵一·新妻昭夫訳. 日経BP社(2007).

諏訪兼位.「アフリカ大陸から地球がわかる」岩波書店。2003。

チャールズ·ダーウィン著. 八杉龍一·江上生子訳 ダーウィ ン自伝. ちくま学芸 文 庫 2000年.

デイビット E. アレン. 1976. ナチュラリストの誕生. 安部治訳。平凡社(1990).

ヘンリーモリス. 1986. 科学は聖書を否定するか。石川和雄訳. CRJ出版(2006).

ヘンリーモリス. 1991. 世界の始まり. 辻潤訳,ホームスクーリング·ビジョン㈱会社(2006)

山田正春 鈴木重人, 1983- 8 . 文豪ゲーテと地質学, 地質ニュース 349号. 実業広報社

リンドバーグ D. C. · ナンバーズ R. L. 編, 1986. 神と自然みすず書房(2005)

高橋克彦·南山宏. 超古代文明論 徳間書店(2001).

高坂剋魅.「世界宇宙考古学会報告」『UFOと宇宙』(ユニバース出版社、1978年3月号)

浅川嘉富.『恐龍と共に滅びた文明』(徳間書店. 2004年)

前川光.『人類は二度生まれた』(大日本図書. 1986年)

長友恒人.『考古学のための年代測定学入門』(古今書院、1999年)

天里信司. 2009. 神のすばらしい創造.㈱会社ブッコム.

都城秋穂. 1998. 科学革命とは何か.岩波書店.

都城秋穂. 2009. 地球科学の歴史と現状.東信堂.

都城秋穂·久代育夫. 1984. 岩石学Ⅲ. 共立